钢纤维微膨胀钢管混凝土材料性能与其受拉、受弯力学行为研究

周孝军 牟廷敏 著

西南交通大学出版社
·成都·

图书在版编目（CIP）数据

钢纤维微膨胀钢管混凝土材料性能与其受拉、受弯力学行为研究 / 周孝军，牟廷敏著. —成都：西南交通大学出版社，2017.8

ISBN 978-7-5643-5621-7

Ⅰ. ①钢… Ⅱ. ①周… ②牟… Ⅲ. ①钢管混凝土结构－结构力学－研究 Ⅳ. ①TU37

中国版本图书馆 CIP 数据核字（2017）第 181037 号

钢纤维微膨胀钢管混凝土材料性能与其受拉、受弯力学行为研究

周孝军　牟廷敏　著

责任编辑　杨　勇
封面设计　何东琳设计工作室
出版发行　西南交通大学出版社（四川省成都市二环路北一段 111 号 西南交通大学创新大厦 21 楼）
发行部电话　028-87600564　028-87600533
邮政编码　610031
网　址　http://www.xnjdcbs.com
印　刷　四川煤田地质制图印刷厂
成品尺寸　170 mm × 230 mm
印　张　13.25
字　数　211 千
版　次　2017 年 8 月第 1 版
印　次　2017 年 8 月第 1 次
书　号　ISBN 978-7-5643-5621-7
定　价　68.00 元

前　言

钢管混凝土桁架梁式结构是一种新型组合结构，其具有承载力高、刚度大、自重轻、跨越能力强，施工方便，节省水泥与混凝土用量等系列优点，技术经济优势明显，应用前景广阔。在该结构体系中，弦杆主要处于压弯与拉弯等复杂应力状态，对核心混凝土力学性能要求较高。钢纤维能显著提高混凝土抗弯拉强度，以钢纤维增强自密实微膨胀混凝土填充其弦杆，能充分发挥结构整体力学性能优势。本书以世界首座全管桁结构连续梁桥——四川省雅西高速公路干海子大桥工程为依托，研究了钢纤维微膨胀钢管混凝土组成、结构与性能及其受拉、受弯力学行为，研究成果依托工程进行了应用。具体研究工作如下：

（1）提出了钢纤维微膨胀钢管混凝土的设计与制备方法，研究了膨胀剂与钢纤维复合对混凝土工作性能与力学性能的影响，探讨了钢管密闭条件下钢纤维微膨胀混凝土的体积变形规律；根据低温施工要求，研究了钢纤维微膨胀钢管混凝土的抗冻设计方法与技术措施，阐述了钢管与钢纤维双重约束对钢纤维微膨胀混凝土抗冻性增强机理，并在工程现场对制备的钢管混凝土抗冻性进行了测试验证。

（2）基于32个钢纤维微膨胀钢管混凝土试件的推出试验，对钢纤维微膨胀钢管混凝土荷载-粘结滑移关系曲线进行了全过程分析，探讨了核心混凝土与管壁的界面粘结力退化模式，研究了含钢率、界面粘结长度与混凝土中钢纤维掺量对其界面粘结强度影响规律，提出了其界面粘结强度计算方法。

（3）进行了22根钢管混凝土与4根空钢管试件轴拉测试，结合数值计算分析，研究了含钢率、核心混凝土中钢纤维掺量等对钢纤维微膨胀钢管混凝土轴拉承载力、变形形态与破坏特征的影响规律，探讨了钢管混凝土轴拉工作机理与影响因素，提出了钢纤维微膨胀钢管混凝土轴拉承载力计算方法。

（4）开展了27个钢管混凝土试件以及9个空钢管试件的抗弯力学性能试验，结合数值计算分析，研究了钢纤维微膨胀钢管混凝土在三点受弯时的变形特征、应变分布与发展状态、破坏模式等，并探讨了主管截面含钢率、支管内灌与不灌混凝土以及核心混凝土中钢纤维的掺加对钢管混凝土试件抗弯承载力与工作性能的影响，提出了钢纤维微膨胀钢管混凝土抗弯承载力计算方法。

（5）测试了 4 片桁架梁结构的抗弯性能，研究了桁架弦管是否灌注混凝土、弦杆截面含钢率等对其受弯变形特征、应变分布与发展状态、破坏模式、承载力以及挠度的影响规律。

（6）介绍了钢纤维微膨胀钢管混凝土在四川省雅西高速公路干海子大桥中的工程应用情况与应用效果。

特别感谢武汉理工大学丁庆军教授，在本书的研究过程中作者得到了丁教授的大力支持与悉心指导。同时，也感谢四川省交通运输厅公路规划勘察设计研究院的范碧琨教授级高工，对作者给予的帮助和支持。

本书的研究工作先后得到了交通运输部科技项目（2009 318 000 105）、四川省教育厅项目（15ZA0141、16TD0018）、四川省交通科技项目（2014C-3、2014C-7）、西华大学自然科学基金项目（z1420603）等科研项目的资助，特此致谢。

由于作者水平有限，书中难免有疏漏不足之处，敬请读者不吝给予批评指正。

著 者

2017 年 6 月

目 录

第1章 绪 论

1.1 钢管混凝土特点与研究现状

1.1.1 特点与应用概况

混凝土是当今应用最广泛的建筑材料，具有原材料来源广，抗压强度高，耐火性、耐久性、可模性、整体性好等优点[1]。自1824年水泥问世及随之诞生混凝土与钢筋混凝土以来，混凝土至今已有100多年的历史。在过去100多年中，混凝土材料一直在向着优质、高性、高强的方向发展，优质高强的材料应该具备高强、性优、质轻和良好环境相容性四大主要特征[2-4]。但随着高层、超高层建筑，大跨度桥梁以及大型公共场馆等急剧发展，高强混凝土高脆低韧、自重大、比强度低等缺陷日显突出，逐渐限制了其在这些大型建筑结构中的应用。钢管混凝土由于其组成钢管与混凝土之间相互作用，有效避免了高强混凝土的天生缺陷，被认为是高强混凝土在高层、超高层建筑与大跨度桥梁中最有效的应用方式[5]。

钢管混凝土（Concrete Filled Steel Tube，简称“CFST”）是由钢与混凝土复合而成的材料，在受力过程中，由于钢管对核心混凝土的约束，其破坏形式由脆性变为弹塑性，材料性质发生质变，强度显著提高，塑性和韧性性能明显改善；核心混凝土有效阻滞和延缓了钢管过早发生局部屈曲，使钢管的失效模式由稳定控制转化为强度控制，稳定性和延性提高，刚度退化减缓，抗震性增强。可见，钢管混凝土充分发挥了两种材料的力学性能优势，有效弥补了各自的缺陷。在相同承载力情况下，钢管混凝土构件相比普通钢筋混凝土截面尺寸小，可节约混凝土约50%，结构自重一般减轻1/3 ~ 1/2，地震作用减小一半，基础处理费用大幅降低，无需模板安装，施工简便，大大缩短工期；相比钢结构可节省钢材50%，耐火、耐腐性能优于钢结构[5-10]。因此，钟善桐教授[6-7]指出钢管混凝土是钢与混凝土的最佳组合应用形式，完全符合现代工程结构向轻质、高强、大跨发展的要求。

钢管混凝土发展至今已有 100 多年的历史，最早的工程应用可以追溯到 1879 年英国的赛文（Severn）铁路桥，该桥桥墩采用了钢管混凝土，不过其管内填充混凝土的主要目的是防止钢管内壁锈蚀[11-12]。19 世纪 90 年代初美国的一些全钢结构建筑出于防火考虑在钢梁和钢柱外包了混凝土，但未考虑混凝土的组合效应。直到 1897 年美国人 John Lally 将圆钢管混凝土应用于房屋建筑承重柱（称为 Lally 柱）才标志着钢管混凝土作为组合受力构件在工程结构中开始应用。到 20 世纪 30 年代，有数座钢管混凝土拱桥在法国和苏联相继建成。钢管混凝土结构优越的力学性能在 1923 年日本关西大地震中得到验证，自此，钢管混凝土在日本的高层建筑中得到了积极推广应用，并且在 1995 年的阪神地震中再一次展现了优越的抗震性。20 世纪 60 年代前后，世界各国应用钢管混凝土的建、构造物逐渐增多，比利时在修建船坞时采用了钢管混凝土构件作为桁架的压杆和立柱，法国巴黎居民区的第一座摩天大楼采用了钢管混凝土框架结构，苏联、日本以及西欧等工业发达国家在一些高层建筑、工业厂房、输电塔、吊车栈桥中也多采用了钢管混凝土结构。但由于当时管内混凝土的浇筑工艺繁琐，使得钢管混凝土在施工方面的优势没有得到很好体现，一定程度上制约了其应用进程[11-16]。

到了 20 世纪 80 年后期，混凝土泵送施工技术迅速发展，钢管混凝土核心混凝土的灌注施工问题得到有效解决。同时，高强混凝土的应用越来越广泛，为了避免其脆性缺陷，利用钢管的套箍作用是比较理想的手段。因此钢管混凝土结构在美国、日本、加拿大、澳大利亚等国的高层建筑中又悄然兴起，并被认为是高层建筑营造技术的一次重大突破。

钢管混凝土在 20 世纪 60 年代引进到我国，自 1959 年原中国科学院哈尔滨土建研究所最先开展了钢管混凝土基本力学性能研究，随后原建筑材料研究院、北京地下铁路工程局、哈尔滨建筑工程学院以及中国建筑科学研究院、冶金部冶金科学建筑科学研究院、电力工业部电力研究所等单位先后对钢管混凝土构件的基本力学性能、设计方法、节点构造与施工技术等开展了系统深入研究。

1966 年钢管混凝土结构在北京地铁站台柱中率先成功应用，后来一些工业厂房、大型设备的构架与支架、栈桥柱以及变送电杆塔、桁架的压杆等都采用了钢管混凝土结构，遍及全国各地的冶金工业、造船工业、机械制造业以及电力工业等。90 年代前后，一些高层建筑的核心柱开始采用钢管混凝土柱，如：1990 年建成的福建泉州邮电中心局大厦、1994 年建成的厦门阜康大厦、1997 年建成的天津今晚报大厦，等。2000 年后又有一批高层建筑采用钢管混凝土柱在武汉、广州、上海、北京、杭州、天津、四川等众多省市陆续建成。目前，我国采用钢管混凝土柱的高层和和超高层建筑已达 60 幢之多，其中深圳赛格广场大厦是迄今世界上采用钢管混凝土柱的最高建筑。

钢管混凝土在我国桥梁工程中应用也十分广泛，1991 年建成的四川旺苍东河大桥是我国第一座钢管混凝土拱桥，该桥拉开了钢管混凝土在我国公路与城市桥梁中大规模应用的序幕，一大批钢管混凝土桥梁在我国逐渐涌现。据不完全统计我国目前已建或在建的钢管混凝土拱桥已达 300 多座，其中跨度超过 200 m 的有 50 余座。2005 年建成的重庆巫山长江大桥净跨 460 m，是目前世界已建最大跨度的钢管混凝土拱桥。建成通车的合江长江一桥，主跨已达 530 m，是世界在建最大跨钢管混凝土拱桥。钢管混凝土拱桥已经成为我国拥有完全知识产权的研究成果。

同时，钢管混凝土桁架梁式结构在桥梁中也被逐渐应用[17-23]，1996 年在广东南海建成了第一座以钢管混凝土桁架梁为主梁的斜拉桥，2000 年前后，在湖北秭归以及重庆等地区又相继出现了数座以钢管混凝土桁架为主梁的刚构桥、斜拉桥。2012 年，世界第一座全管桁结构连续梁桥——干海子大桥在我国四川建成，该桥主梁采用了钢管混凝土空间组合桁架梁，预示着我国钢管混凝土梁桥技术已达到世界领先水平。

此外，我国一些斜拉桥的塔柱、刚构桥的桥墩也采用了钢管混凝土结构，比较有代表性的有：2003 年建成的无锡蓉湖大桥、2009 年建成的安徽淮北长山路斜拉桥的独塔都采用了钢管混凝土结构；2012 年建成的亚洲第一高墩——四川省腊八斤大桥高墩（183 m）采用了钢管混凝复合结构桥墩。

可见，钢管混凝土在全世界已有相当广泛的工程应用，钢管混凝土材料已备受科研工作者与工程师们的青睐，钢管混凝土结构已成为继钢筋混凝土结构和钢结构之后的第三大结构体系。

1.1.2 国内外研究现状

钢管混凝土本质上属于套箍混凝土，是在劲性钢筋混凝土与螺旋配筋混凝土的基础上演变和发展起来的，国内外学者对其结构特征、基本力学性能、承载力以及设计计算方法等进行了大量研究，并取得了一系列优秀成果，为其推广应用奠定了坚实的基础。下面将对国内外有关钢管混凝土的研究从其核心混凝土材料性能与结构构件力学性能两方面进行综述总结，以便本书研究工作更好、更有针对性地开展。

1.1.2.1 核心混凝土性能

钢管混凝土具有极高的承载力，优良的抗震性能，在工程结构中应用十分广泛，国内外关于钢管混凝土的研究主要集中于钢管混凝土构件基本力学性能、工作机理、承载力等，而对管内混凝土的性能研究相对较少。钢管混凝土是由钢与混凝土复合而成，其优良的力学性能在于钢管与核心混凝土密贴结合，共同工作。核心混凝土的组成、微观结构、性能特征以及填充密实度对整体构件的工作性能将有很大的影响。

早期钢管混凝土中核心混凝土多为普通混凝土，其收缩特性易导致其与管壁脱粘，从而影响钢管混凝土的组合力学性能。叶跃忠（2001）[24]研究了核心混凝土与管壁脱粘对构件轴压性能的影响，结果表明脱粘容易导致偏心或失稳，构件承载力降低明显。涂光亚与颜东煌等（2007）[25]分析了脱粘对钢管混凝土拱桥受力性能影响，认为核心混凝土与管壁脱粘使得钢管内力增大，结构刚度降低，承载力下降。另外，由于混凝土横向变形系数（约为 0.173）较钢材横向变形系数（约为 0.283）小，在轴压荷载作用下，受荷初期钢管横向变形较核心混凝土大，二者之间产生“负紧箍力”，影响钢管与混凝土的协同作用[6-9]。因此，为补偿核心混凝土的收缩，同时避免“负紧箍力”的不利影响，研究者们尝试在核心混凝土中掺加膨胀剂或用膨胀水泥制备混凝土[26]，形成微膨胀钢管混凝土，以保证管壁与核心混凝土密贴结合，并在钢管混凝土中建立前期主动紧箍力，提高复合材料整体力学性能。于是，针对微膨胀钢管混凝土的设计制备、体积变形、微观结构以及工作机理、力学性能等开展了系列研究。

王淇与钟善桐（1991）[27]，王湛与赵霄龙等（1999）[28]对微膨胀钢管混凝土的微观结构特征与宏观力学性能进行了分析。结果表明，膨胀剂的掺加使得核心混凝土内大孔明显减少，无害孔增加，结构更加致密，界面硬度增强，材料弹性模量与构件受压稳定承载力均有所提高。王湛（1993）[29]还探讨了微膨胀钢管混凝土的工作机理，并对其长期荷载作用下的徐变特性进行了研究。

李悦与丁庆军等（2000）[30]，李悦与胡曙光等（2000）[31]采用自制的高能膨胀剂制备出了微膨胀钢管混凝土，分析了钢管限制下核心混凝土的膨胀模式，并测试微膨胀钢管混凝土构件的力学性能，结果显示其承载力比普通钢管混凝土短柱提高 8%左右。

宋兵（2001）[32]，宋兵和王湛（2007）[33]以水胶比、掺合料以及钢管尺寸为参数研究了微膨胀钢管混凝土的体积变形规律，测试了短柱试件的力学性能，并考虑核心混凝土的体积变形，采用有限元分析方法对轴压试件的荷载-变形关系进行了研究，试验结果与模拟结果吻合较好。

吕林女等（2003）[34]应用 XRD、SEM、EDXA 等测试手段，研究了钢管混凝土中钢管与核心混凝土之间的界面过渡区结构，并对限制条件下钢-膨胀水泥石界面结构的改善进行了讨论。

冯斌（2004）[35]、韩林海等（2006）[36]以构件截面尺寸与大小为主要参数，研究了钢管混凝土构件在水泥水化阶段的温度场分布，并测试了核心混凝土收缩性能，基于对 ACI209（1992）收缩计算模型进行的修正，提出了核心混凝土收缩变形计算公式。

罗冰等（2005）[37]采用在钢管外壁粘贴应变片的方法对 9 个密闭钢管混凝土试件进行了膨胀率测试，根据受力平衡换算出核心混凝土的自应力。

陈梦成等（2010）[38]以膨胀剂掺量为参数，对 5 根钢管微膨胀混凝土试件在水化阶段的温度场进行了测试，并研究了核心混凝土在钢管约束下的膨胀特性及其预应力的发展过程和分布特点。

为了改善核心混凝土的力学性能，进一步提高钢管混凝土轴压构件的延性与抗震性能，研究者提出了在核心混凝土中掺加钢纤维，并取得了较好的效果。

Campione 等（2002）[39]在核心混凝土中掺加钢纤维，研究了钢纤维钢管混凝土柱的受压性能，结果表明：用钢纤维混凝土填充钢管相比普通混凝土能改善组合结构的延性性能。

Ramana Gopal 等（2004，2006）[40-41]以试件长径比与管内混凝土类型为参数，对 12 根圆形钢管混凝土进行偏压试验，试验表明：用钢纤维混凝土作为钢管的填充材料对得到的细长组合柱对其强度和结构性能有很大的促进作用。

Serkan Tokgoz 等（2010）[42]对共 16 根方钢管普通混凝土柱与钢管钢纤维混凝土进行了轴压和偏压试验，研究表明：在核心混凝土中掺加钢纤维对钢管混凝土的性能有显著提高。

T Zhong 与 L H Han（2007、2008）[43-44]、T Zhong 与 Uy（2009）[45]探讨了改善薄壁方钢管混凝土短柱的结构性能的方法，包括：增加加劲肋的高度，增加加劲肋在钢管各边的数量，采用锯齿状加劲肋，在加劲肋上焊接滚边或者锚条，在核心混凝土中掺加钢纤维。研究表明，在核心混凝土中掺加钢纤维是提高构件延性能力最有效的方法。

陈娟（2008、2011）[46-47]对钢纤维高强钢管混凝土柱的力学性能进行了系列试验研究。结果显示，钢纤维对钢管混凝土柱的承载力的影响很小，对其延性和抗震性能有较好的提高。

可见，关于微膨胀钢管混凝土的体积变形模式、微结构特征与力学性能已有较充分的研究。钢纤维的掺加能明显改善普通钢管混凝土延性性能，但钢纤维对钢管密闭条件下微膨胀混凝土的体积变形规律与力学性能影响尚无研究报道。因此，针对钢纤维微膨胀钢管混凝土核心混凝土体积变形模式、微观结构特征与组合力学性能等需进行深入系统研究。另外，钢管混凝土的抗冻性能研究国内外均没有涉及，为保证低温条件下钢管混凝土的施工，也亟须研究钢管混凝土的低温工作机理及其抗冻措施。

1.1.2.2　结构构件力学性能

1. 钢管混凝土截面组合性能

高层与超高层建筑中的钢管混凝土梁柱节点处，柱通常是贯通的，梁端传递给柱的荷载直接作用在钢管混凝土柱的外壁上，然后通过钢管与核心混凝土的界面粘结将荷载传递至核心混凝土。可见，组成钢管混凝土的钢管与核心混凝土之间界面粘结性能将直接影响这种复合材料的截面组合性能，从而影响整体构件与结构力学行为。因此，钢管混凝土的界面粘结性能一直深受工程界的关注，关于钢管混凝土的界面粘结性能与影响因素也有较多研究报道。

Morishita 等（1979）[48-49]、Morishita 和 Tomii（1982）[50]通过推出实验测试了方形、圆形和八角形截面钢管混凝土构件界面粘结强度与滑移之间的关系。研究表明，圆钢管混凝土构件的平均粘结强度在 0.2 到 0.4 N/mm^2 之间，方钢管混凝土的平均粘结强度在 0.15 到 0.3 N/mm^2 之间，而八边形截面钢管混凝土界面粘结性能介于圆钢管混凝土与方钢管混凝土之间。

Tomii 等（1980）[51-52]报道了采用膨胀性核心混凝土与内壁带有螺纹的钢管的办法以提高核心混凝土与钢管壁的界面粘结强度。

Virdi 和 Dowling（1980）[53]为研究钢管和核心混凝土之间的粘结强度，以钢管内壁粗糙度、长径比、径厚比、混凝土强度与密实度为试验参数，对近 100 个圆钢管混凝土试件进行了实验测试。研究结果表明，钢管内壁粗糙度和核心混凝土密实度对界面粘结强度的影响较大。粗糙的钢管内表壁与密实的核心混凝土可以明显提高界面粘结强度。

薛立红与蔡绍怀（1996）[54-55]进行了 32 个钢管混凝土的推出试验，以核心混凝土强度与养护方式、钢管内表面状况、界面粘结长度为参数，研究了核心混凝土与钢管壁的界面粘结性能，分析了影响粘结强度的因素，阐述了核心混凝土与钢管壁粘结强度组成与粘结机理。研究表明，界面粘结强度虽与界面长度无明显关系，但随混凝土强度增加而增加；钢管内表壁越粗糙，界面粘结强度也越高；自然养护的平均粘结强度比密封养护条件下的高。

Roeder C W 等（1999）[56]通过推出试验研究钢管混凝土截面组合行为，分析了钢管直径、径厚比以及混凝土收缩对钢管与核心混凝土界面粘结强度影响，探讨了界面粘结强度分布规律，并提出了粘结强度计算公式。

康希良（2008）[57]通过推出试验与有限元模拟分析，研究了钢管混凝土短柱界面粘结滑移关系与截面组合性能，分析了钢管混凝土短柱在轴压荷载作用下管壁与核心混凝土的应力分配系数，基于此对钢管混凝土组合轴压刚度与组合弹性模量进行了分析。

刘永健等（2006，2010）[58-59]进行了 15 根圆钢管混凝土和 5 根方钢管混凝土构件的推出试验，研究了钢管与混凝土界面粘结应力分布规律与粘结强度影响因素，提出了平均粘结应力与界面滑移的本构关系。结果表明，圆钢管混凝土界面粘结强度比方钢管混凝土大，界面粘结应力沿长度方向均匀分布，其与混凝土强度关系不大，随混凝土龄期增加略有增长，随钢管长径比增大而增大。

Chang X 等（2009）[60]报道了 17 个自应力钢管混凝土短柱和 3 个普通钢管混凝土短柱的膨胀收缩性能以及界面粘结力的试验结果。研究表明，核心混凝土的自应力是界面粘结强度的主要影响因素，自应力钢管混凝土柱的界面粘结强度比普通钢管混凝土柱界面粘结强度高，提出了预测自应力钢管混凝土界面粘结强度的经验公式。

陈学嘉，袁方（2011）[61]测试了 4 根钢管微膨胀混凝土短柱和 3 根普通钢管混凝土短柱核心混凝土的体积收缩膨胀性能，在此基础对各个构件进行了推出试验，分析核心混凝土中预应力对界面粘结强度的影响，论述了界面粘结破坏过程以及钢管外表面应变沿长度的分布规律。

因此，目前的研究主要针对普通钢管混凝土界面粘结强度，关于微膨胀钢管混凝土的界面粘结力组成与粘结强度影响因素研究不够深入，而有关钢纤维微膨胀钢管混凝土的界面粘结性能研究未有报道。

2. 钢管混凝土的轴拉性能

钢管混凝土轴压承载力高、抗震性能好，主要作为受压构件在工程结构中广泛应用。因此，关于钢管混凝土的研究也一直集中在其受压性能方面[62-72]。对钢管混凝土轴拉性能研究在国外尚未报道，国内在这方面的研究也较少。

潘友光与钟善桐（1989，1990）[73-74]提出了钢管混凝土轴心受拉本构关系，探讨了钢管混凝土轴拉本构关系的影响因素；并进行了 22 根钢管混凝土的轴拉试验，钢管尺寸为 ϕ 55.7×3.5×350 mm，将钢管中间 150 mm 范围车薄，使壁厚在 0.8 到 2.5 mm 之间，含钢率为 5.78% ~ 18.76%。结果表明：钢管在轴拉作用下的径向收缩受到核心混凝土限制，纵向屈服应力提高约 10%，屈服应力的提高主要与含钢率有关，与混凝土强度等级及钢号关系不大。在此基础上，钟善桐[6]提出了钢管混凝土轴拉承载力计算公式。

张素梅（1991）[75]采用有限元法分析了圆钢管混凝土构件在轴拉荷载作用下的力学性能，讨论了钢管与核心混凝土环向应力的变化情况。研究认为：混凝土的拉应力对钢管混凝土构件轴拉性能影响很小，而对钢管提供较好侧向约束作用，使得纵向受拉屈服应力提高，据构件空心率以及钢材的强化应变不同，可以提高 0 ~ 15%。

Han Linhai 等（2011）[76]进行了 18 根钢管混凝土构件的轴拉试验，以混凝土类型、截面含钢率以及混凝土与钢管界面粘结状态为实验参数，并结合有限元模拟计算，分析了钢管混凝土的轴拉工作机理，提出了考虑含钢率的钢管混凝土轴拉承载力计算公式。

何珊瑚和牟廷敏（2011）[77]介绍了国内外相关规范与研究成果中关于钢管混凝土轴拉构件承载力计算方法，并利用这些计算方法与已有试验研究数据进行了对比，分析各种计算值与实验结果的吻合程度。

可见，关于钢管混凝土在轴拉作用下的力学性能理论分析与试验研究都还不够完善，尤其是关于钢管混凝土的试验研究数据较少，尚无统一的钢管混凝土轴拉承载力设计计算方法。

3. 钢管混凝土的抗弯性能

根据钢管混凝土的特点，最适宜用作轴心受压构件，如果作受弯构件，则优点不是十分突出。但是，钢管混凝土作为受弯构件的情况并不少见。例如：压弯构件和拉弯构件，除轴心力外，都承受弯矩；多层和高层建筑中的钢管混凝土柱，在侧向水平风力或地震作用下，也将承受弯矩作用而成为压弯剪扭等的复杂应力状态；如果把钢管混凝土结构用作基础桩，在侧向力作用下，也承受弯矩作用。可见，在实际工程中，钢管混凝土构件受弯还是比较普遍的[6-7]。关于钢管混凝土的抗弯性能，国内外研究者也进行了不少研究。

Lu 和 Kennedy C（1994）[78]进行了 12 个方形与矩形钢管混凝土以及 4 个空钢管试件的纯弯力学性能试验，试件径厚比在 13 到 37.1 之间，长短边比为 1 ~ 1.67，混凝土强度为 40.5 ~ 47MPa。结果表明，构件在受弯过程中钢管和核心混凝土表现出较好协同工作性，方、矩形空心钢管中灌注混凝土后其抗弯承载力可提高 10% ~ 30%，试件抗弯刚度有较大提高。

Elchalakani 等（2001）[79]测试了 12 个圆形钢管混凝土试件的纯弯力学性能，试件径厚比 12 ~ 110，基于试验研究，提出了圆形钢管混凝土纯弯构件抗弯承载力的计算方法，并将试验结果与计算结果以及已有相关规程进行对比，误差较小。

Nakamura P 等（2004）[80]研究了超轻砂浆填充钢管试件的抗弯性能，并用轻集料混凝土和普通混凝土填充钢管试件以及空钢管试件抗弯性能进行了对比。结果表明，普通钢管混凝土试件的抗弯承载力是空钢管试件的

1.8 倍。当超轻砂浆抗压强度小于 1 MPa 时，用其填充空钢管对试件抗弯承载力提高不大；当抗压强度大于 5 MPa 时，对试件抗弯延性性能有很大改善。且不论钢管采用何种材料填充，在抗弯过程中其截面变形基本符合平截面假定。

Kang 等（2007）[81]报道了将钢管混凝土构件用作连续梁桥主梁的试验研究以及其工程应用。填充材料分普通混凝土（轴压强度 27 MPa）与轻质加气砂浆（轴压强度 8 MPa），研究了填充材料强度与钢管混凝土的抗弯性能关系。结果显示，填充普通混凝土试件的抗弯承载力与延性性能均比填充轻质加气砂浆的试件高，二者的抗弯承载力相比空钢管构件分别提高了 50%与 20%。

Deng 和 Tuan（2011）[82]分析研究了后张法预应力钢管混凝土的抗弯性能，并与普通钢管混凝土进行对比。在试验研究基础上结合数值分析方法提出了两类构件的抗弯承载力计算方法，并采用文献试验结果验证了计算方法的可行性。

黄莎莎等（1990）[83]进行了离心钢管混凝土构件的抗弯试验，探讨了其抗弯工作性能与工作机理。对试件弯曲变形过程做了全过程分析，提出了该类构件抗弯破坏荷载取值建议。

钱稼茹、王刚等（2004）[84]以管径与壁厚为参数，进行了 12 根圆形截面钢管高强混凝土的抗弯试验，并采用条带法对钢管高强混凝土构件的截面弯矩-曲率全曲线进行了分析。数值分析与试验结果吻合较好，在此基础上，提出了钢管高强混凝土构件截面抗弯承载力简化计算公式。

吴颖星和于清（2005）[85]进行了 2 个圆钢管约束混凝土和 2 个方钢管约束混凝土构件纯弯试验，研究了应变沿截面高度的变化规律，并将试验测试构件初始抗弯钢管与使用阶段抗弯刚度与相关规范的计算结果进行了对比，分析各规范计算方法的实用性。

丁发兴、余志武（2006）[86-88]利用数值计算对钢管混凝土构件弯矩曲率进行了全过程分析，提出钢管混凝土抗弯极限承载力计算式及弯矩与曲率全曲线计算方法。并对 4 根钢管混凝土构件进行了抗弯性能试验，结果表明，含钢率提高能显著提高钢管混凝土抗弯承载力，而混凝土强度对构件承载力影响不明显。

黄宏、张安哥（2008）[89]根据钢管混凝土构件屈服时最不利截面上力的平衡关系，提出了圆形截面钢管混凝土抗弯承载力计算公式，并与国内外相关规范进行了对比。

卢辉和韩林海（2004）[90]进行了 6 个圆形截面钢管混凝土试件的纯弯力学性能试验，分析了弯曲变形过程中试件的刚度变化规律，并提出了圆钢管混凝土抗弯刚度计算方法。作者后来又进行了一批方、圆形截面钢管混凝土的抗弯性能试验[91]，结合收集得到的相关文献中钢管混凝土抗弯性能试验数据，将试验结果与国内外有代表性的设计规范中钢管混凝土的抗弯承载力与抗弯刚度计算方法进行对比，分析各类规范对该类构件设计计算的准确性与适用性。

由上可知，已有研究主要集中在钢管混凝土的抗弯承载力与计算方法方面，而对钢管混凝土的抗弯破坏形态、失效模式以及与空钢管抗弯性能差异等分析研究较少，提高改善钢管混凝土的抗弯性能方法与技术措施还需进一步研究。

4. 钢管混凝土桁架梁抗弯性能研究

由支主管直接焊接而成的钢管桁架梁式结构，已在工程中广泛应用[92-93]。该结构的节点部位往往先失效，导致材料性能不能充分发挥，在实际应用中，通过在主管内填混凝土提高节点区域的刚度和承载力，同时利用混凝土良好的受压性能协助主管分担压力，减小主管截面面积，并避免管壁局部屈曲，是一种新型的结构形式[94]。目前，针对主管内填混凝土矩形钢管桁架的节点和整体受力性能已有较多研究，并颁布了《矩形钢管混凝土结构技术规程》（CECS 159 2004）。近年针对主管内灌注混凝土圆形钢管桁架也开展了系列研究。

刘永建与周绪红等（2003，2004）[95-96]以局压面积和管内混凝土填充长度为主要实验参数，测试 12 个矩形钢管混凝土桁架和 3 个空钢管桁架试件的节点承载力。结果表明，矩形钢管混凝土横向局部承压强度提高系数高于素混凝土局部承压强度提高系数，混凝土填充长度对局部承压强度有较大影响。通过对节点受力工作机理的分析，提出了矩形钢管混凝土桁架节点强度计算公式。

刘永建与刘君平等（2009）[97]、刘君平（2009）[98]进行了支主管宽厚比为 0.8 的空钢管桁架、仅上弦灌注混凝土和上下弦均灌注混凝土的矩形桁架抗弯性能试验，对比分析主管灌注混凝土对矩形钢管桁架受力性能的影响。研究表明，三类桁架结构破坏主要发生在节点部分，主管内混凝土的填充改变了节点失效模式，核心混凝土较好地参与了主管受力，使得节点强度与刚度显著提高，从而提高结构的整体承载力。

齐红育（2008）[99]等采用有限元模拟计算，对比分析了矩形与圆形钢管混凝土桁架结构的受力性能。研究表明，圆形钢管混凝土桁架承载力较矩形钢管混凝土桁架高，二者均具有较好的延性性能，考虑到施工安装便捷性，作者认为矩形钢管混凝土桁架具有更好的应用前景。

刘永健、刘君平等（2010）[94]对矩形与圆形截面钢管混凝土桁架梁的抗弯性能进行了试验研究。结果表明，弦管内灌注混凝土后其轴向刚度以及钢管桁架节点的刚度、强度与桁架的整体抗弯承载力都明显提高，且圆形截面钢管混凝土桁架的承载力与变形性能优于矩形钢管混凝土桁架。

黄文金、陈宝春（2006，2007，2009）[100-102]进行了圆管截面桁架极限承载力试验研究。结果表明，结构破坏均因节点失效引起，主管内填混凝土能够提高桁架的整体承载力。

郑文忠、柳旭东等（2007—2009）[103-105]进行了灌浆圆钢管桁架混凝土组合梁的试验研究，建立了该结构正截面受弯承载力和刚度计算方法，并对节点进行了试验分析，提出了灌浆圆钢管压陷承载力的计算公式。

1.2 选题背景与依托工程

1.2.1 选题背景

钢管混凝土在轴压荷载作用下钢管与核心混凝土都处于三向应力状态，其具有极高轴压承载力，塑性性能好，抗震耗能能力强。长期以来，钢管混凝土主要用作受压构件，在工业厂房、高层与超高层建筑以及桥梁工程中广泛应用，如：大型厂房框架柱、变送电塔柱、高层与超高层建筑以及地铁站台核心柱、拱桥的拱肋、斜拉桥索塔等。因此，国内外关于钢管混凝土的力学性能研究也主要集中在其受压性能方面。

随着圆管截面制造、端面切割与焊接技术工艺的日益成熟，圆形截面钢管桁架的加工制造已取得了重大突破。在其上下弦杆中灌注混凝土（根据需要在腹杆中也可以灌注）形成钢管混凝土桁架结构（指圆形截面钢管混凝土桁架结构，下同），其在早期的工业厂房屋架中已有应用，近年逐渐开始在一些大跨度的屋面工程、超高层建筑的转换层中应用。钢管混凝土桁架具有结构自重小、承载力高、刚度大、跨越能力强等优势，在桥梁工程中越来越受到关注。我国自 1996 年广东南海紫洞大桥（图 1-1）首次采用钢管混凝土桁架作为主梁以来，已有数十座主梁采用钢管混凝土桁架结构的桥梁，见表 1-1。特别是 2012 年 4 月建成通车的四川省雅西高速公路干海子大桥在国内外引起了极大的反响，其不仅造型优美，且安全性好，用钢量省，节省混凝土多达 9 万余方，且工期短、施工便捷。由于钢管混凝土桁架梁桥的系列优点，目前云南、贵阳、浙江等省市的数座桥梁正在积极进行该类桥型的方案论证。

图 1-1 紫洞大桥

表 1-1 我国采用钢管混凝土桁架梁的桥梁

桥梁名称	桥型	主梁形式	跨度/m	建成年份/年
广东南海紫洞大桥	斜拉桥	钢管混凝土桁架梁	69+140+69	1996
重庆万州道河沟大桥	连续梁桥	钢管混凝土桁架梁	2×42	1998
湖北秭归向家坝大桥	连续梁桥	钢管混凝土桁架梁	43.3+72.2+43.3	2000
重庆万州大桥	连续刚构桥	钢管混凝土桁架梁	75.4+3×120+75.4	2000
重庆万州万安大桥	斜拉桥	钢管混凝土桁架梁	72+140+72	2000
四川雅安干海子大桥	连续梁桥	钢管混凝土桁架梁	44.5/62.5	2012

根据桁架结构力学特点，其杆件主要承受轴向荷载。由于钢管桁架主要通过焊接组装，在节点处弦杆与腹杆按相贯线焊接连接，节点具有较大刚度，因而弦杆承受一定的弯矩。可见，钢管混凝土桁架梁式结构的下弦杆处于拉弯复合应力状态，上弦杆处于压弯复合应力状态。如前所述，国内外对于钢管混凝土的研究主要集中在受压性能、工作机理、承载力计算等方面，涉及受拉、抗弯性能研究较少，对其受拉与抗弯工作性能研究不够深入，计算方法不够完善，系统的试验研究尤为欠缺，不能满足其工程应用需求，一定程度上制约了钢管混凝土桁架梁式结构的推广应用。所以，有必要对受拉、抗弯钢管混凝土构件与其梁式结构的力学行为、工作机理、破坏特征、失效模式、承载力计算方法等进行全面、系统研究，为钢管混凝土梁式结构推广应用提供支撑。

1.2.2 依托工程

干海子特大桥（图 1-2）位于四川省石棉县境内，全长 1 811 m，分三联，共计 36 跨，设计采用 44.5m 和 62.5m 两种跨径，是四川省雅泸高速公路控制性工程，也是交通运输部重点科研工程。

图 1-2　干海子大桥

该桥桥墩主要采用钢管混凝土组合格构式墩，最高墩高达 107 m。组合桥墩以 4 根直径 813 mm、钢管壁厚 16 mm、内灌 C50 自密实微膨胀混凝土的钢管混凝土为立柱，沿短边方向每 12 m 设一道钢管桁架、长边方向每 2 m 设一根连系杆，部分桥墩根部设置纵向钢筋混凝土加劲肋板。主梁为钢管混凝土空间桁架组合梁式结构，上弦管 ϕ 273、两弦管间用角钢连接，腹管

ϕ 406 mm，中心梁高 4.4 m，主梁节间间距为 4.4 m，下弦管径 ϕ 813 mm、壁厚根据不同位置从 20 到 28 mm 变化。跨径为 62.5 m 时，在桥墩顶部设有主梁托架。桁梁上下弦管以及主梁托架内均灌注 C60 钢纤维微膨胀混凝土。桥面板为 20 cm 厚预应力混凝土板。主梁横向分为左右两幅，每幅均为倒三角形，典型断面如图 1-3。

图 1-3　干海子大桥主梁典型截面

干海子大桥是目前世界上最长的钢管混凝土桁架连续梁桥，同时也是首次采用钢纤维微膨胀钢管混凝土（Steel fiber reinforced micro-expansive concrete filled steel tube，简称“SE-CFST”）。本书以干海子大桥工程为依托，研究钢纤维微膨胀自密实钢管混凝土设计、组成与性能，探讨钢纤维微膨胀钢管混凝土受力、受弯力学行为，阐述钢管混凝土桁架梁式结构的力学性能优势，为钢管混凝土桁架梁式结构更好的设计与工程推广应用提供科技理论支撑。

1.3　研究目的与研究内容

1.3.1　目的与意义

钢管混凝土受拉或受弯时，由于混凝土的抗拉强度较低，较小荷载时管内混凝土就会开裂，裂缝处拉应力主要由钢管承担，截面刚度降低，混凝土只对钢管提供横向约束。因而，钢管混凝土构件受拉或抗弯时其力学性能优势没有受压时明显。但是，实际工程中，有不少钢管混凝土构件处于受拉、受弯或拉弯复合应力状态，比较典型的是钢管混凝土桁架梁以及承受较大水平荷载的格构柱。因此，十分有必要对钢管混凝土的拉、弯力学行为进行深入系统的研究。

项目研究以干海子大桥为工程依托，基于工程结构特点与其主梁弦管混凝土施工要求，提出钢纤维微膨胀自密实钢管混凝土设计方法，研究钢纤维微膨胀自密实钢管混凝土体积变形规律、微观结构特征与物理力学性能等；探讨其抗冻设计方法与技术措施，研究其低温工作性能，制备出满足干海子大桥主梁弦管力学性能与施工性能要求的钢管混凝土。研究钢纤维微膨胀钢管混凝土的截面组合性能；探讨钢纤维微膨胀钢管混凝土构件受拉与受弯力学性能，提出其轴拉与抗弯承载力计算方法；研究钢管混凝土桁架梁受弯变形特征，节点与整体破坏形态，极限抗弯承载力等，系统阐述钢管桁架梁弦管中灌注混凝土的作用与意义。

研究成果可为钢管混凝土桁架梁式结构的设计计算与工程应用提供技术支撑，对促进钢管混凝土梁式结构的发展有较好推动作用。

1.3.2 总体思路

本书总体研究思路是：根据依托工程结构特点，首先开展工程调研与文献资料查阅；根据调研结果，考虑工程施工状况与结构受力特征，提出钢管混凝土梁式结构材料性能要求，通过试验研究，结合现代测试手段，掌握核心混凝土的强韧化与密实灌注技术措施；针对钢管混凝土梁式结构拉弯构件力学性能研究方面存在的不足，基于依托工程提取典型构件与简化结构模型，采用有限元分析与模型试验结合的方法，综合阐述钢管混凝土梁式结构的力学行为与其工程应用价值。研究思路框架如图 1-4。

1.3.3 研究内容

根据项目研究目的与总体思路，本书主要研究内容有：

1. 钢纤维微膨胀自密实钢管混凝土设计、组成与性能研究

研究钢纤维微膨胀自密实钢管混凝土的设计方法，分析钢纤维与膨胀剂复合对核心混凝土工作性能、力学性能以及在钢管密闭条件下体积变形性能的影响，制备出满足工程设计要求的钢管混凝土，实现混凝土密实灌注且与管壁密贴结合。研究钢管混凝土的抗冻设计方法与防冻技术措施，探讨低温灌注对钢管混凝土力学性能的影响。

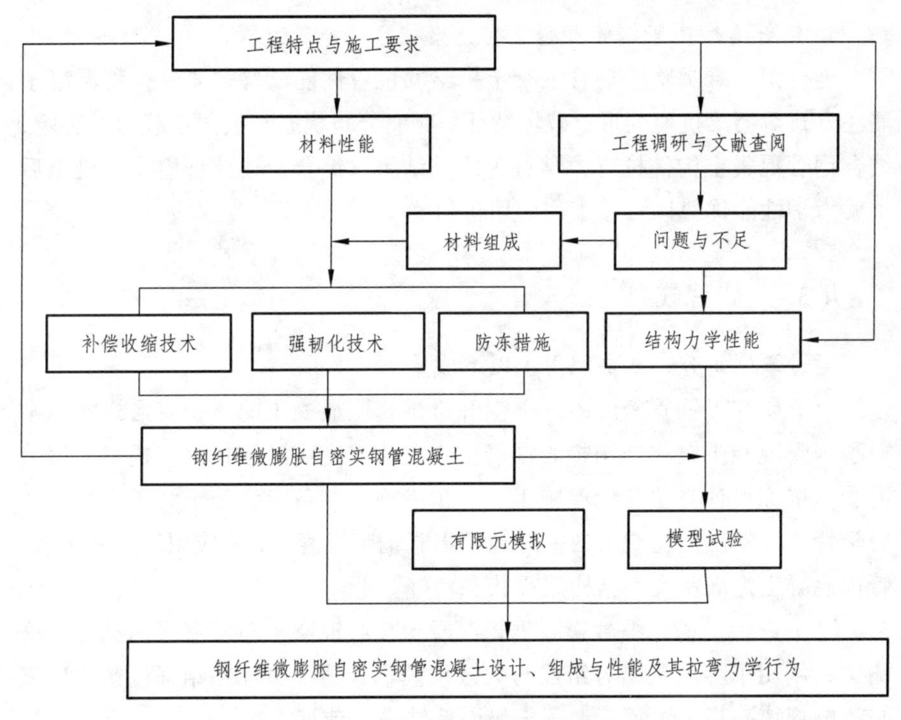

图1-4 项目研究总体思路框架图

2. 钢纤维微膨胀钢管混凝土截面组合性能研究

研究钢纤维与膨胀剂复合对核心混凝土与管壁的界面粘结性能的影响，探讨其界面粘结力组成与退化模式，分析界面粘结性能的影响因素与影响规律，为其构件力学性能有限元模拟分析提供参数取值方法。

3. 钢纤维微膨胀钢管混凝土轴拉性能研究

开展钢纤维微膨胀钢管混凝土构件轴拉力学性能试验，研究其受拉工作机理、变形形态、破坏模式，并与空钢管以及普通钢管混凝土构件对比；结合有限元计算分析，探讨钢纤维微膨胀钢管混凝土构件轴拉承载力影响因素与影响规律，提出其轴拉承载力计算方法。

4. 钢纤维微膨胀钢管混凝土抗弯性能研究

通过在主管跨中焊接支管以施加轴压荷载使主管三点受弯，研究钢管混凝土主管受弯工作性能与工作机理，考察主管截面参数、核心混凝土类型以及支管形式对主管弯曲变形、承载力、应变分布状态、构件整体与节点破坏模式的影响，提出钢纤维微膨胀钢管混凝土抗弯承载力适用计算方法。

5. 钢纤维微膨胀钢管混凝土桁架梁抗弯性能研究

进行钢纤维微膨胀钢管混凝土桁梁的抗弯性能试验，研究弦管混凝土灌注方式对桁梁抗弯变形、破坏特征、应变分布状态与极限承载力的影响，结合钢管混凝土构件拉弯力学行为研究结果，综合论述弦杆灌注混凝土后桁梁力学性能优势以及其工程应用价值。

1.3.4 研究成果

通过系列研究，本书取得了以下成果：

（1）研究了钢管密闭条件下钢纤维微膨胀混凝土的体积变形模式，掌握了钢管混凝土梁式结构核心混凝土强韧化与密实灌注技术，提出了钢管混凝土抗冻设计方法与低温施工、养护措施，制备出满足干海子大桥主梁力学特征与施工性能要求的钢纤维微膨胀钢管混凝土，并应用于实际工程，管内混凝土饱满密实，结构服役状态良好。

（2）进行了钢纤维微膨胀钢管混凝土核心混凝土与管壁界面粘结强度测试，阐明了界面粘结力组成与失效机理，弄清了界面粘结强度影响因素与影响规律，提出了钢管混凝土界面粘结强度计算方法。

（3）进行了钢纤维微膨胀钢管混凝土轴拉力学性能试验，得到了荷载-拉伸变形全过程曲线，阐明了其轴拉工作机理；在试验基础上，结合有限元计算分析，了解了其轴拉变形特征与破坏模式，研究了其轴拉性能影响因素与影响规律，提出了其轴拉承载力实用计算方法。

（4）开展了钢纤维微膨胀自密实钢管混凝土三点弯试验，并结合有限元法计算分析，得到了荷载-跨中挠度关系曲线，阐明了其受弯工作机理；研究了构件受弯破坏形态、跨中截面应变分布与发展规律以及其抗弯承载力影响因素与影响规律，并推导了钢纤维微膨胀自密实钢管混凝土抗弯承载力实用计算方法。

（5）进行了弦管灌与不灌混凝土钢管桁架梁抗弯试验，探讨了弦杆混凝土灌注方式对结构抗弯工作性能、破坏形态、承载力的影响，得到了荷载-跨中挠度全过程曲线，了解了钢管混凝土桁架梁式结构变形特性、破坏模式与承载力控制因素。

第 2 章　钢纤维微膨胀自密实钢管混凝土性能研究

本章从钢管混凝土桁架梁式结构力学特征出发，依据钢管密闭条件下混凝土体积变形模式与混凝土补偿收缩原理，结合纤维复合强化混凝土增韧技术，利用钢纤维的增韧、阻裂与限缩作用，提出钢管混凝土梁式结构核心混凝土理想结构与钢纤维微膨胀自密实钢管混凝土的设计方法。研究钢纤维与膨胀剂复合对混凝土工作性能、力学性能、微观结构影响以及钢管密闭条件下的体积变形规律，制备出满足干海子大桥弦管力学性能与工作性能的 C60 钢纤维微膨胀自密实钢管混凝土，实现混凝土密实灌注，促进钢管与核心混凝土共同工作。

另外，根据依托工程施工组织计划，部分梁段钢管混凝土将在低温季节施工。因此，基于依托工程低温环境特点，结合混凝土冻害机理，本章还提出了钢纤维微膨胀钢管混凝土的抗冻设计方法，研究其低温工作性能与力学性能；并通过现场试验，验证制备的钢纤维微膨胀钢管混凝土抗冻性，为依托工程以及其他钢管混凝土结构低温条件施工提供理论技术支撑。

2.1　钢管混凝土梁式结构核心混凝土理想结构模型

以往工程中，钢管混凝土主要作为承压构件，其核心混凝土主要考虑补偿体积收缩，避免混凝土与管壁脱粘而影响复合材料受压力学性能发挥。而依托工程主梁为钢管混凝土空间组合桁架梁式结构，这种受弯结构体系中，上弦管承受压弯应力而下弦管承受拉弯应力。由于普通混凝土的抗拉与抗折强度较低，在较小荷载时管内混凝土就会开裂且不断扩展延伸直至形成贯通缝，裂缝处拉应力主要由钢管承担，截面刚度削弱，应力集中明显，构件承载力与变形性能下降，从而影响整体结构受力性能。因此，钢管混凝土桁架梁式结构中不仅要求管内混凝土与管壁密贴，同时还应具有良好的受拉、抗弯力学性能。

2.1.1 混凝土体积收缩补偿方法与原理

混凝土在凝结硬化过程中，随水分变化、化学反应以及温度降低等会引起体积收缩。钢管混凝土管内混凝土体积收缩容易导致其与管壁脱粘，截面组合性能下降，从而影响构件整体力学性能发挥。从已有研究[26-31]来看，膨胀混凝土是解决这一问题的最有效方法之一，其一般采用掺加膨胀剂或直接采用膨胀水泥来制备，膨胀剂或膨胀水泥水化产生的钙矾石（AFt）、氢氧化钙（CH）或氢氧化镁等晶体形成并发育使胶凝体系中固相体积增长而补偿其体积收缩[106]。

膨胀混凝土的膨胀效率取决于膨胀剂的掺量及其膨胀能，适量膨胀剂能较好补偿混凝土的收缩；掺量过高，在混凝土硬化成型后膨胀剂继续水化而在混凝土内部产生过大膨胀应力，可能引起混凝土开裂而导致结构破坏。当钢管中采用膨胀混凝土填充时，膨胀剂产生的膨胀效应补偿核心混凝土收缩后使混凝土继续膨胀，而钢管约束限制混凝土体积变形，剩余膨胀能在混凝土内部形成自应力，膨胀剂与水泥水化产物 AFt、CH 等被迫挤入毛细孔中，使混凝土内部孔数量减小，孔隙率降低，孔隙结构改善，水泥石微观结构密实[27]。同时，核心混凝土膨胀效应在其与钢管界面上形成法向压力，提高了二者界面粘结强度。膨胀剂水化需要水分，在钢管密闭条件下，核心混凝土与外界没有水分交换，因此膨胀剂的掺加会影响水泥水化程度，导致混凝土强度在一定程度上出现下降，所以钢管混凝土中应控制膨胀剂的掺量，并考虑掺加粉煤灰和微硅粉使混凝土微结构更加密实，保证混凝土强度稳定增长。另外，膨胀剂的水化反应速度应与水泥水化速度匹配协调，以免膨胀剂水化反应过快而水泥水化相对较慢，混凝土强度较低而形成无效膨胀；或膨胀剂水化太慢而水泥水化相对较快，后期缺水，膨胀剂不能充分水化，膨胀效应不能发挥而使得混凝土脱空。

2.1.2　混凝土强韧化措施

混凝土抗拉强度低、脆性大是其天然缺陷，尤其是混凝土强度等级越高，脆性特征越明显。提高混凝土的抗拉与抗折强度，改善混凝土脆性最有效途径之一是采用纤维强化增韧。纤维在混凝土骨料间相互穿插呈三维乱向分布，能有效提高混凝土的物理力学性能。用于纤维混凝土的纤维种类很多，目前常用的有钢纤维、聚丙烯纤维、聚丙烯腈纤维等。大量研究表明[107-108]，聚丙烯纤维、聚丙烯腈纤维由于弹性模量较低对混凝土的体积收缩变形有较好的限制作用；相比较而言，钢纤维弹性模量较高而对混凝土的收缩限制稍差，但能明显改善混凝土的力学性能。钢纤维体积掺量在 0.5% ~ 2%时，混凝土的抗拉强度可以提高 25% ~ 50%，抗弯强度可提高 40% ~ 80%，抗压强度提高稍小在 0 到 25%之间，且钢纤维混凝土具有良好的变形性能，抗弯韧性可提高几倍到几十倍[108]。可见，钢纤维的掺加对混凝土的力学性能有显著改善，符合钢管混凝土桁架梁式结构中核心混凝土优良抗弯拉力学性能特征要求。

钢纤维的主要作用在于阻碍混凝土内部微裂缝的扩展和阻滞宏观裂缝的形成与发展，其对混凝土抗拉强度和主要由主拉应力控制的抗弯、抗剪、抗扭等强度有明显的改善作用，使混凝土具有较好的韧性与裂缝控制能力[109]。

由纤维间距理论、复合材料理论和微观断裂力学理论等可知，纤维增强混凝土力学性能效果主要取决于基体强度和纤维的长径比、体积率以及纤维与基体的粘结强度、纤维在基体中的分布与取向等。钢纤维混凝土破坏时，大都是钢纤维被拔出而不是拉断，可见钢纤维与基体间的粘结强度对钢纤维的增强效果有较大影响。因此，钢纤维混凝土的应用还需注意提高与改善钢纤维与基体的界面粘结强度以使其优良力学性能充分发挥。

2.1.3　核心混凝土理想结构模型

基于钢管混凝土桁架梁式结构的力学特点，依据补偿收缩原理与钢纤维增强机理，提出了钢管混凝土桁架梁式结构核心混凝土理想结构模型，如图 2-1 所示：以密实堆积骨料体系为结构主体，水泥、硅灰、粉煤灰与高能膨胀剂为胶凝材料体系，结合具有内养护效应的减缩型复合高效减水剂，乱向分布的钢纤维为强韧化组分。高能膨胀剂水化引起的膨胀效应可以补偿混凝土体积收缩，在钢管约束下其继续膨胀变形受到限制，水化产物被迫向内部空隙中生长，改善了混凝土孔结构以及混凝土与管壁间的界面粘结性能。减缩型复合高效减水剂一方面减水率高，能减少用水量，降低孔隙率，且在较长时间保持混凝土塑性；另一方面内含减缩、内养护功能的功能基团，在水化中后期减小水泥浆体毛细孔内液体表面张力，减少自收缩，同时可补充胶凝材料水化所需的水分，促进胶凝材料水化持续进行。钢纤维在混凝土内无序均匀地分布，以骨料为核心，在其周围相互穿插形成网状结构起劲性骨架作用，约束微裂纹的生成同时抑制宏观裂缝的延展，改善混凝土的弯拉力学性能。另外，钢纤维的存在也能约束混凝土膨胀变形，使微膨胀混凝土自应力水平进一步提高，自身约束效应增强，体积变形更稳定。因此，钢纤维与膨胀剂复合，二者相互促进、相互激发，极大改善了混凝土力学性能，同时较好地维持了混凝土体积稳定性。

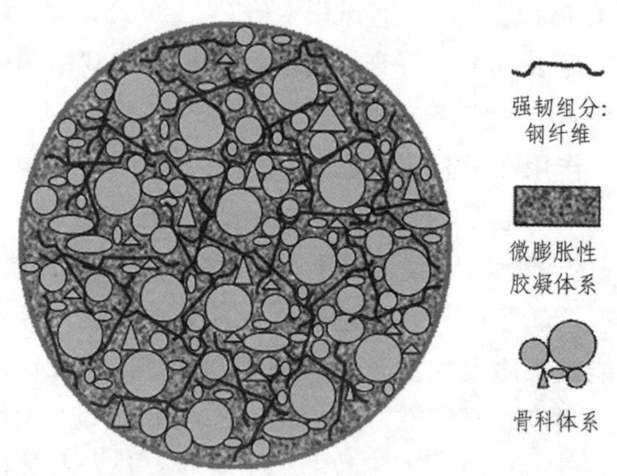

图 2-1　钢管混凝土梁式结构核心混凝土理想结构模型

可见，该结构主要特征：① 膨胀剂产生的膨胀效应加强了核心混凝土与管壁的界面粘结性能，混凝土孔隙率小，大孔数量减小，优化了孔级配与孔分布，结构更致密。② 减缩型复合高效减水剂减小用水量，降低孔隙率；补偿胶凝体系中后期水化所需的水分，促进混凝土强度发展的同时保证体积变形持续稳定增长。③ 钢纤维的阻裂作用减少内部微裂纹的产生，改善基体裂缝尖端的应力场，使混凝土抗拉、抗折强度得以提高；钢纤维的限胀作用，改善混凝土内部结构组织，使混凝土结构更加致密，维持稳定体积变形，基体强度得以提高。

2.1.4　钢纤维微膨胀自密实混凝土技术性能要求与设计方法

2.1.4.1　钢纤维微膨胀自密实混凝土技术性能要求

干海子大桥管内混凝土灌注采用泵送推移密实法，根据该桥结构特点与场地条件，泵机布置在桥底，泵管沿桥墩向上布置再沿主梁向两边延伸，因而混凝土需先经垂直压送再水平输送，进入弦杆内沿水平方向推移灌注密实。一方面，干海子大桥高墩高且多，最高墩达 107 mm；另一方面，桥长且单跨跨径大，弦杆混凝土灌注分节段进行，2 ~ 3 跨一个节段，每个节段混凝土需在管内推移近 100 ~ 200 m，并需密实填充，可见弦杆核心混凝土水平密实填充泵送施工难度较大，因此对混凝土的工作性能提出了较高的要求，需要混凝土不离析、不泌水，和易性好，粘聚性好，自密实且具有微膨胀特性。在水平灌注过程中，应保持良好流动性与塑性，施工完毕之前不能初凝。具体性能指标应满足如下：

（1）工作性能：混凝土初始坍落度≥220 mm，扩展度≥650 mm；3 h 坍落度仍达 200 mm，扩展度 550 mm；不离析、不泌水，粘聚性好；初凝时间控制在 14 ~ 16 h，终凝时间在 18 ~ 22 h；含气量 $<$ 2.0%。

（2）力学性能：混凝土 7 d 抗压强度≥60 MPa，达到设计强度的 100% 以上；28 d 抗压强度≥70 MPa。28 d 抗折强度≥8 MPa；28 d 劈裂抗拉强度≥7 MPa。

（3）膨胀性能：自由膨胀率：3 d≥2.5×10^{-4}、28 d≥4.0×10^{-4}；56 d 混凝土体积基本达到稳定。

（4）弹性模量：混凝土 28 d 弹性模量≥3.8×10^{4} MPa。

2.1.4.2　钢纤维微膨胀自密实混凝土设计方法

（1）按照混凝土自密实特性和力学性能等指标要求，通过密实骨架堆积原理设计混凝土配合比，优选并复配出保塑、减缩型高效减水剂，制备出工作性能良好、强度满足要求、含气量低的自密实混凝土。

采用密实骨架堆积原理进行配合比设计时，首先将不同比例的粉煤灰与砂进行充填试验，以获得最大单位容重，再将此比例下的粉煤灰与砂作为细集料同石子进行充填试验，从而获得骨料与粉料在密实填充状态下的最大单位容重，进一步确定材料最小空隙率及所需要的润滑浆量，最后根据混凝土强度等相关设计要求确定水胶比。

优选减水率高、保塑效果好的聚羧酸类减水剂，采用一种带有烷基醚基团和多羟基的减缩组分与之复配，该减缩组分能够降低混凝土内部水溶液的表面张力和界面能，使内部毛细孔压力降低，从而缓解混凝土内部因自干燥所引起的自收缩现象，达到减缩的效果[1]。

（2）根据混凝土膨胀性能要求，采用高能复合膨胀剂[1]部分替代矿物掺合料的方法，调整减水剂的掺量，在满足混凝土自密实性能的条件下，研究不同掺量膨胀剂对混凝土工作性能、力学性能与膨胀性能的影响，确定高能复合膨胀剂的合理掺量。

该高能复合膨胀剂是通过选定具有早、中、后期三种膨胀特性的膨胀组分（分别为 CaO、无水硫铝酸钙和石膏、MgO），研究膨胀组分的物性参数、RO 矿物（石灰石、菱镁矿）的煅烧温度与时间、RO（CaO、MgO）晶相组成与细度、C_4A_3S 熟料成分与含量以及三者间的比例匹配，使膨胀剂的水化与混凝土强度协同发展，最终确定 CaO、无水硫铝酸钙与石膏、MgO 的配比，从而得到高能复合膨胀材料的组成。

（3）为提升自密实混凝土抗弯、抗拉等力学性能，满足设计指标，在混凝土中掺入钢纤维以提高其自身韧性，但钢纤维的掺入会影响混凝土的自密实性能。为不引起自密实混凝土的强度损失，须固定水胶比，增加减水剂的用量，使混凝土的工作性能符合要求。但减水剂的用量增加后会导致混凝土出现泌水、扒底现象，包裹性变差，故需在减水剂中引入增粘组分，并调整胶凝材料的组成，掺入硅灰增加胶凝浆体的粘度，改善自密实混凝土的工作性能。最后根据钢纤维自密实混凝土的力学强度和经济性综合考虑，确定钢纤维的最佳掺量。

2.2 钢纤维微膨胀自密实钢管混凝土制备与性能研究

2.2.1 试验概况

2.2.1.1 原材料

水泥：四川金顶股份公司峨眉水泥生产 P.O 42.5，基本性能见表 2-1。

表 2-1　水泥的基本性能

水泥	抗折强度/MPa		抗压强度/MPa		比表面积 /（cm^2/g）	密度 /（g/cm^3）
	7 d	28 d	7 d	28 d		
P.O 42.5	7.7	9.4	32.8	54.0	3540	3.17

粉煤灰：四川省江油市金能经贸有限公司生产 I 级粉煤灰，需水量比 92.6%，比表 380 m²/kg。

硅灰：四川明凌科技有限公司生产，SiO_2 含量大于 92.4%，比表面积为 20 000 m^2/kg，密度 2.2 g/cm^3。

水泥、粉煤灰和硅灰的化学成分分析见表 2-2。

表 2-2　胶凝材料的化学组成（质量分数，%）

名称	SiO_2	Al_2O_3	CaO	Fe_2O_3	MgO	Na_2O	K_2O	SO_3	Loss
水泥	20.88	6.25	60.05	3.48	1.70	0.07	0.84	2.37	2.39
粉煤灰	57.89	30.54	2.52	6.53	1.06	0.42	1.41	0.35	2.64
硅灰	92.8	0.28	0.56	0.83	0.34	0.26	0.77	2.62	1.93

膨胀剂：天津豹鸣有限公司按依托工程混凝土设计要求生产的 HCSA 型高能膨胀剂，性能指标见表 2-3。

表 2-3　HCSA 膨胀剂性能指标

项目			性能指标	实测结果
凝结时间	初凝 /min	≥	45	152
	终凝 /min	≤	600	233
限制膨胀率/%	水中 7 d	≥	0.050	0.100
	空气中 21 d	≥	−0.010	0.023
抗压强度/MPa	7 d	≥	20.0	30.2
	28 d	≥	40.0	49.4

钢纤维：重庆宫祥金属纤维有限公司生产多锚点钢纤维，直径 0.5 mm（长径比 60），抗拉强度 > 1 000 MPa。

外加剂：上海三瑞根据依托工程混凝土设计要求复配的减缩型复合高效减水剂，固含量 29%，减水率 30%。

水：实验室自来水。

细集料：冕宁县彝海 3 号桥砂石场，含泥量小于 1%，细度模数为 2.7。

粗集料：石棉县栗子坪干海子石料场，粒径为 5 ~ 20 mm 连续级配，含泥量小于 1%，压碎值 7.9%。

2.2.1.2 试验方法

1. 拌合物工作性能

混凝土拌合物工作性能按照《自密实混凝土应用技术规程》（CECS 203—2006）进行测试。

2. 力学性能

混凝土抗压与劈裂抗拉强度试件为边长 150 mm 立方体试块，静力受压弹性模量试件尺寸为 100 mm×100 mm×300 mm，抗折强度采用 100 mm×100 mm×400 mm 小梁试件，每组 3 个试件。试件成型后表面用塑料薄膜覆盖，在室内静放 24 h 脱模。脱模后，将试件用塑料薄膜包裹密封，放入温度为（20±2）°C 的养护室中养护至测试龄期。力学性能测试根据试件中是否掺加钢纤维分别依据《普通混凝土力学性能试验方法标准》（GB/T 50081—2002）与《钢纤维混凝土试验方法》CECS 13：89 进行。

3. 密闭环境下自由膨胀率

试件尺寸为 100 mm×100 mm×515 mm，按照《普通混凝土长期性能和耐久性能试验方法》（GB/T 50082—2009）进行测试。试件成型后表面用塑料薄膜覆盖，在室内静放 24 h 脱模，测量初始长度。脱模后试件表面用矾士林涂抹，并用塑料薄膜包裹密封，只露出两端的铜测头，然后将试件放入温度为（20±2）°C 的养护室中养护，测试各龄期试件长度变化。

4. 钢管密闭条件下混凝土轴向膨胀率

图 2-2 钢管混凝土膨胀率测试仪

钢管密闭条件下混凝土轴向膨胀率采用自主研制的钢管混凝土膨胀率测试仪（如图 2-2），钢管尺寸 $D \times t \times L$ 为 150 mm×6 mm×600 mm，管内混凝土的膨胀变形在径向受到管壁的约束，纵向变形收到管壁的摩擦阻力，与工程实际情况一致。混凝土灌注完毕后在其表面预埋一块玻璃片，待混凝土终凝后用凡士林将顶面密封，在预埋玻璃片顶部安装千分表，用磁性表支座固定，定期读取千分表数值。

2.2.2　膨胀性能设计

2.2.2.1　配合比与力学性能

设计了如表 2-4 所示的 5 组配合比，改变膨胀剂掺量，分别为 0、20 kg、40 kg、60 kg 与 80 kg（占胶凝材料质量比分别为 0、3.6%、7.1%、10.7% 与 14.3%），研究膨胀剂掺量对混凝土工作性能、力学性能、水化产物特性以及体积变形性能的影响，确定钢管混凝土核心混凝土中膨胀剂合理掺量，满足混凝土膨胀性能要求。

表 2-4　混凝土配合比

No	混凝土配合比/（kg/m^3）							
	水泥	粉煤灰	硅灰	膨胀剂	砂	石	水	减水剂
P0	460	70	30	0	723	1 012	155	10.1
P20	460	70	30	20	723	1 012	160	10.1
P40	460	70	30	40	723	1 012	165	10.1
P60	460	70	30	60	723	1 012	170	10.1
P80	460	70	30	80	723	1 012	175	10.1

表 2-5　混凝土工作性能与力学性能

编号	坍落度/mm		扩展度/mm		抗压强度/MPa	
	初始	3 h	初始	3 h	7 d	28 d
P0	240	230	670	650	65.2	74.6
P20	240	230	660	640	66.8	76.3
P40	230	220	650	630	67.6	77.5
P60	210	190	630	600	63.2	72.4
P80	200	180	600	580	60.7	68.8

表 2-5 中为 5 组混凝土拌合物的工作性能与其抗压强度。可见，与 P0 组相比，随膨胀剂掺量增加，混凝土拌合物的坍落度与扩展度有所下降，掺量达到 60 kg 后对混凝土工作性能的响较明显。同时还可以发现，膨胀剂掺加增加，混凝土强度出现先增加后减小的趋势，P20、P40 组抗压强度较 P0 组较稍高，而从 P60 组开始，强度开始降低。可见膨胀剂每方掺量超过 60 kg 后对混凝土工作性能与强度影响明显。主要因为膨胀剂掺加后其水化产物向混凝土孔隙内生长填充，孔隙率降低，微观结构改善，从而提高混凝强度；但掺量过高后，多余的膨胀能在没有约束的情况下诱发水泥石内微裂缝的生成而影响混凝土强度。

2.2.2.2 不同膨胀剂掺量胶凝体系水化产物分析

为研究膨胀剂掺量对混凝土胶凝体系水化进程与水化产物的影响，制备了与表 2-4 中 P0、P20、P40 和 P80 组同配比的净浆试样，对各试样进行了 28d 龄期时的 XRD 分析，结果如图 2-5 所示。由图可知，28 d 时各组试样水化产物基本相同，主要是 CH、AFt 及未水化的 C_3S 与 C_2S。图 2-3（a）中 P0 组试样未掺入膨胀剂，其 AFt 的特征峰较图（b）、（c）、（d）中的明显偏低。图（b）、（c）、（d）中 AFt 的特征峰峰值依次呈增大趋势，说明膨胀剂掺量越高，试样 28 d 时水化产物中钙矾石的生成量越多，则混凝土的体积增大趋势越明显。同时还可发现，图（d）中 CH 主峰峰高明显较其余三幅

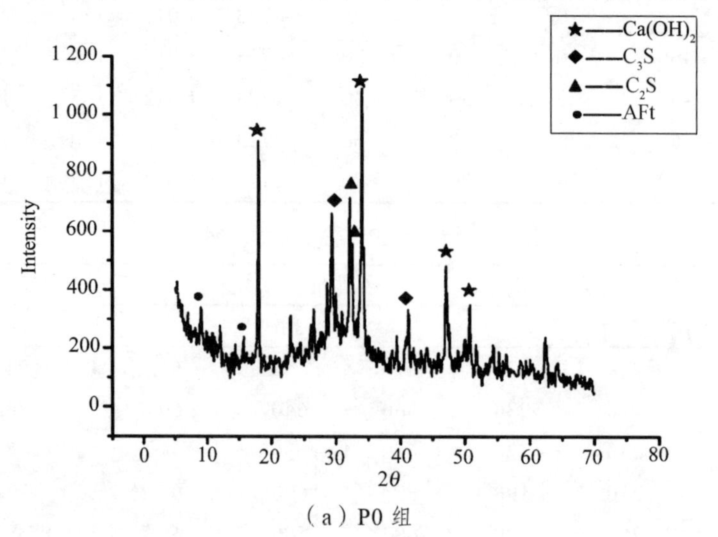

（a）P0 组

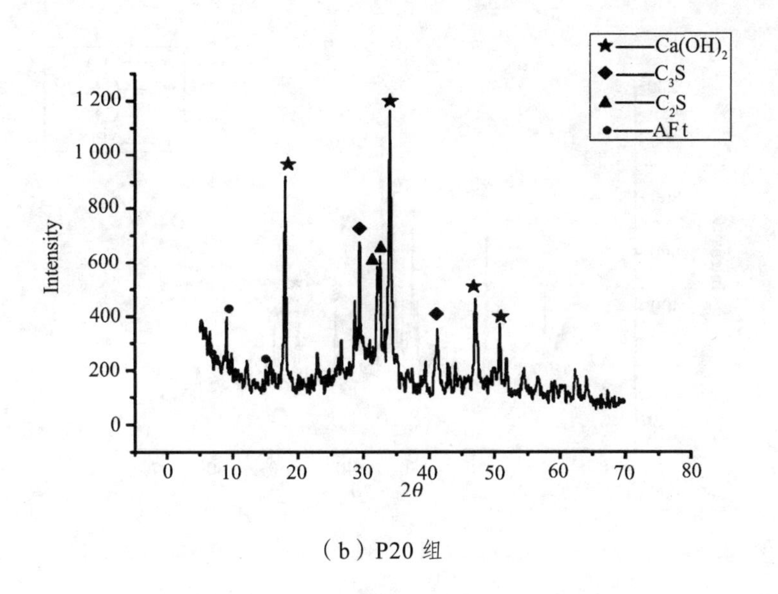
Ca(OH)2
C3S
C2S
AFt
1 200
1 000
800
600
400
200
0
Intensity
0
10
20
30
40
50
60
70
80
2θ

（b）P20 组

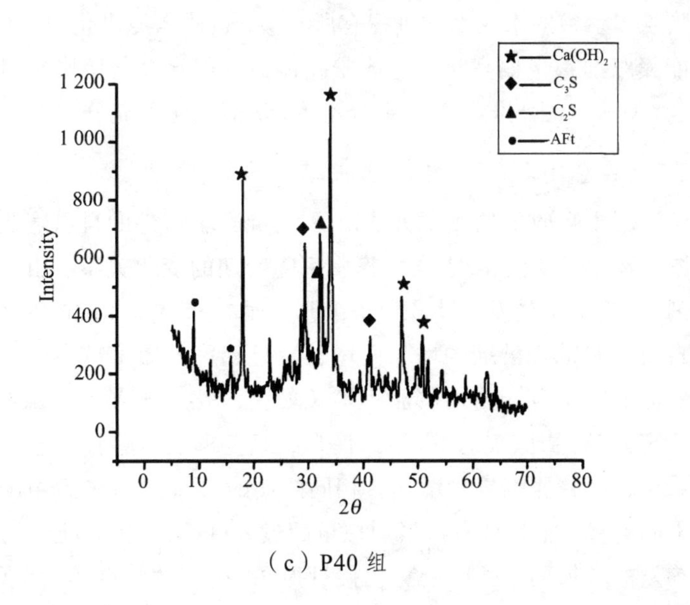
Ca(OH)2
C3S
C2S
AFt
1 200
1 000
800
600
400
200
0
Intensity
0
10
20
30
40
50
60
70
80
2θ

（c）P40 组

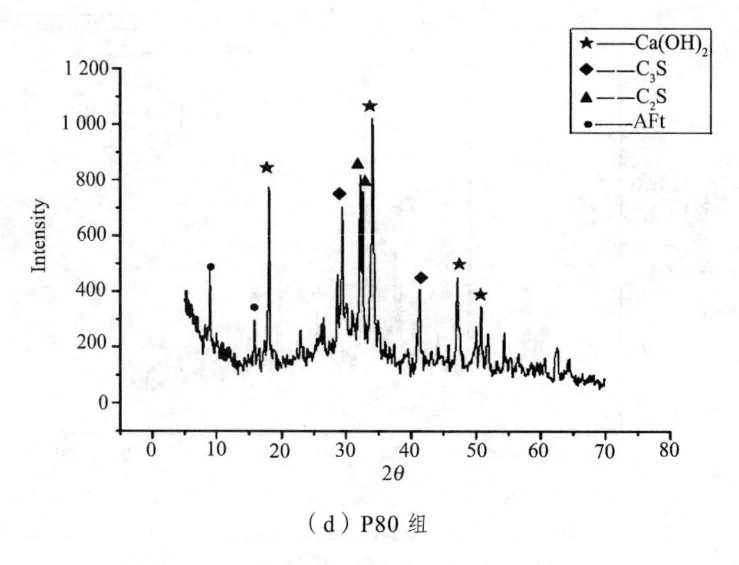

（d）P80 组

图 2-3　不同膨胀剂掺量试样 28dXRD 图谱

图中的偏矮、C_3S 和 C_2S 的主峰峰高偏高，可见膨胀剂掺量达每方 80 kg 后，混凝土胶凝体系中的水泥水化进程有所延缓，造成水泥水化程度偏小。主要由于高能膨胀剂掺量偏高时会造成胶凝体系内部水泥与膨胀剂对游离水的激烈竞争，使得水泥水化所需的水分不足，从而水化不充分，水化程度降低。

2.2.2.3　密闭环境下自由膨胀率

参照混凝土自收缩的测试方法对 5 组混凝土试件的自由膨胀率进行了测试，图 2-4 为各组混凝土自由膨胀率随龄期的变化关系。由图可见，未掺膨胀剂的 P0 组试件发生体积收缩变形，而 P20、P40、P60 与 P80 组试件混凝土自由膨胀剂随龄期的增长而增长，且膨胀剂掺量越高，自由膨胀率越高。在前 3 d，混凝土自由膨胀率增长最快，7 d 后开始有所减缓，到 28 d 时趋于稳定，未掺膨胀剂的 P0 组试件自收缩变形发展趋势也是如此。此外，还可以看出，随膨胀剂掺量增加，相同龄期的 4 组试件的自由膨胀率增长幅度呈下降趋势，尤其是当膨胀剂掺量超过 60 kg 后，混凝土自由膨胀率随膨胀剂掺量的增加而增长的趋势较掺量为 20 kg 时明显减弱。可见，膨胀混凝土自由膨胀率与膨胀剂掺量并不呈线性关系，而是随掺量增加自由膨胀率增长幅度逐渐减小。

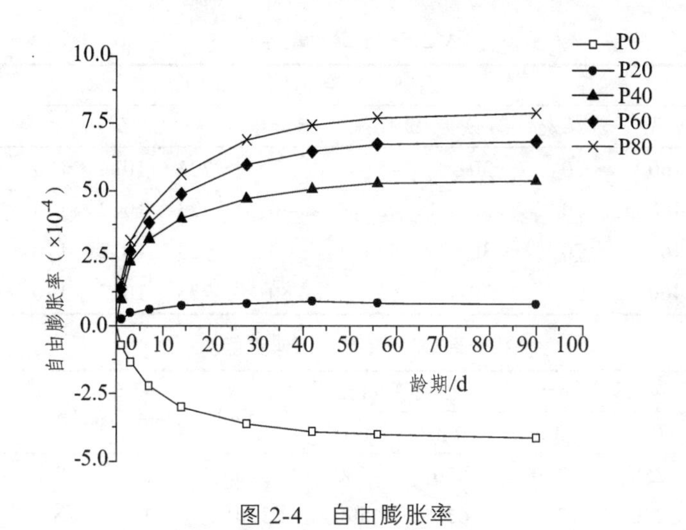

图 2-4　自由膨胀率

因此，结合膨胀剂掺量对混凝土工作性能与力学性能、胶凝体系水化产物以及混凝土的自由膨胀率的影响分析，可以看出膨胀剂掺量每方 40～50 kg 时，既能补偿混凝土的收缩变形并形成持续稳定膨胀，同时不影响混凝土的强度发展。

2.2.3　钢纤维掺加对自密实微膨胀钢管混凝土性能影响

钢纤维在钢管混凝土桁架梁式结构核心混凝土理想结构模型中可以看成劲性骨架，提高混凝土的抗拉、抗折强度与柔韧性能。但钢纤维的掺加会影响混凝土的流动性与自密实性，同时其既能限制混凝土体积收缩，也能约束混凝土体积膨胀，因而在微膨胀混凝土中掺加钢纤维对其工作性能、力学性能以及体积变形性能的影响需要进行深入研究。

2.2.3.1　配合比与工作性能

根据钢管混凝土桁架梁式结构核心混凝土中膨胀剂合理掺量要求，取膨胀剂掺量每方 45 kg，而钢纤维掺量分别为 0、40 kg、60 kg 与 80 kg（对应体积率分别为 0、0.5%、0.75%与 1%），以研究钢纤维掺量对微膨胀混凝土工作性能、力学性能以及体积变形规律的影响，混凝土配合比见表 2-6。

表 2-6　混凝土配合比

No	混凝土配合比/（kg/m³）								
	水泥	粉煤灰	硅灰	膨胀剂	钢纤维	砂	石	水	减水剂
S0	460	70	30	45	0	723	1012	170	10.1
S40	460	70	30	45	40	723	1012	170	10.1
S60	460	70	30	45	60	723	1012	170	10.1
S80	460	70	30	45	80	723	1012	170	10.1

表 2-7　混凝土工作性能

No	坍落度/mm		扩展度/mm		U_H/mm	V_t/s	T_{50}/s	含气量
	0 h	3 h	0 h	3 h				
S0	250	240	670	660	340	11	7	1.72%
S40	240	220	630	590	320	12	8	1.82%
S60	230	190	600	560	310	14	10	1.88%
S80	210	170	580	520	280	15	11	1.91%

混凝土工作性能测试结果见表 2-7。由表可见，与不掺钢纤维的 S0 组相比，S40、S60 与 S80 组混凝土工作性能都出现一定程度下降，特别是 3 h 后坍落度和扩展度损失明显。但钢纤维掺量不超过每方 60 kg 时，混凝土仍具有较好的包裹性与流动度，能达到《自密实混凝土应用技术规程》（CECS 203：2006）中自密实混凝土性能指标要求；而钢纤维掺量增加到 80 kg 时，流动度明显降低，3 h 后坍落度与扩展度损失显著，此时混凝土已不满足自密实混凝土技术要求。另外，随钢纤维掺量增加，混凝土含气量逐渐增加，混凝土在 U 箱中填充高度逐渐下降，流经 V 形漏斗所需时间增加，扩展度达到 500 mm 所用时间（T_{50}）也逐渐延长。显然，钢纤维的掺加对混凝土的工作性能有一定影响，掺量过高会导致混凝土拌合物的流动性降低，混凝土包裹性变差，泵送施工困难，填充性劣化，且含气量增加而易导致钢管混凝土管壁脱空。因此，泵送施工的钢管混凝土中钢纤维掺量不宜超过每方 60 kg（对应体积掺量 0.75%）。

2.2.3.2　钢管密闭条件下轴向膨胀率

图 2-5 为钢管密闭条件下混凝土轴向膨胀率随龄期的变化关系。从图可以看出：前 3 d，各组试件混凝土的体积膨胀率十分接近，钢纤维掺量对

混凝土体积变形影响不明显；7 d 后，混凝土限制膨胀率随龄期的变化曲线出现拐点，钢纤维的限胀作用逐渐明显，且钢纤维掺量越高，对混凝土膨胀限制作用越强；28 d 后，不掺钢纤维的 S0 组试件体积变形仍略有增长，而掺有钢纤维的 S40、S60 与 S80 组试件限制膨胀率曲线趋于水平线，体积膨胀变形逐渐稳定。图 2-6 对比了各组试件在 28 d 龄期时的膨胀率值。由图可见，与不掺钢纤维的 S0 组试件相比，S40、S60 与 S80 组试件限制膨胀率分别降低了 3.9%、6.8%与 9.2%，随钢纤维掺量增加，钢纤维约束限制作用越增强，微膨胀混凝土的轴向膨胀率降低，但其降低幅度逐渐减小。

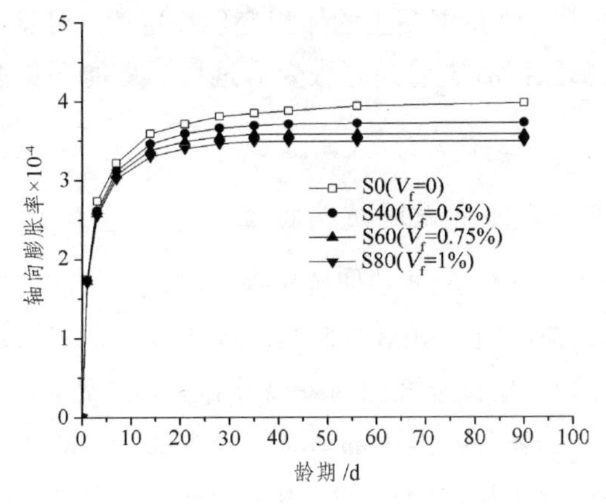

图 2-5　钢管混凝土膨胀率与龄期关系

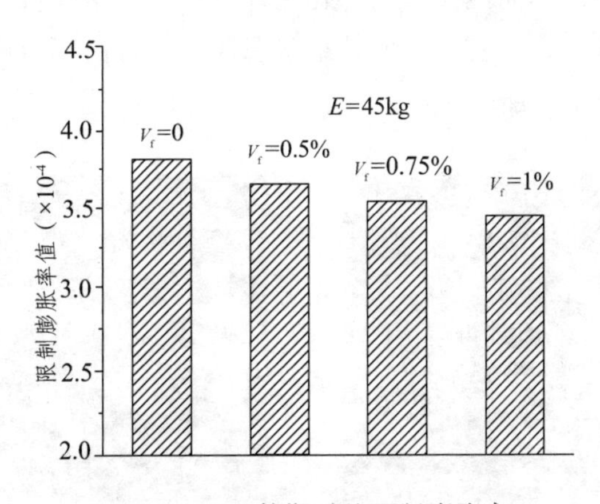

图 2-6　28 d 龄期时的限制膨胀率

分析可知，掺钢纤维对钢管微膨胀混凝土早期膨胀变形影响较小，此时钢管对核心混凝土的体积膨胀起主要约束作用。随着龄期延长，膨胀剂和水泥水化生产的 AFt 等晶体在钢管约束下逐渐向孔隙中生长、填充，改善了核心混凝土的孔结构以及钢纤维与水泥浆的界面粘结状态，钢纤维对核心混凝土的膨胀变形限制逐渐增强。于是，在钢纤维与钢管壁的双重约束作用下，核心混凝土的膨胀变形发展十分缓慢，体积变形逐渐稳定。另外，随龄期的延长，膨胀剂逐渐水化消耗，产生的膨胀变形量逐渐减缓，这时如果采用的膨胀剂膨胀能不够，核心混凝土的微膨胀效应不能补偿其体积收缩，则混凝土可能出现小幅回缩，此时钢纤维的限制作用可有效阻止这种体积倒缩[109]，维持混凝土的体积变形稳定性。可见，钢纤维的掺加既能约束钢管微膨胀混凝土前期膨胀变形过快，更能保持混凝土后期体积变形的稳定性。

2.2.3.3 密闭条件下微观结构特征

对 4 组配合比已进行 28 d 龄期抗压强度测试后的破碎试件，取中心部位砂浆样品进行扫描电镜（SEM）观测，结果如图 2-7 所示。可以发现，没有掺加钢纤维的 S0 组试样孔隙内壁以及界面粘结处较平滑，结构明显疏松，而掺有钢纤维的样品孔隙内部填充有较多的针状晶体，结构较密实。可见，微膨胀混凝土中掺加钢纤维，由于钢纤维对混凝土膨胀效应的约束限制，钙矾石等晶体向混凝土内部孔隙以及水泥石与骨料以及钢纤维之间的界面处生长填充，改善了界面粘结状态同时使得内部结构更加致密，从而提高混凝土力学性能。

（a）S0（×5 000）

（b）S40（×5 000）

（c）S60（×5 000）

（d）S80（×5 000）

图 2-7　SEM 观测结果

2.2.3.4　钢纤维掺加对微膨胀混凝土力学性能影响

研究表明，膨胀剂的掺加对混凝土强度有一定的影响，而钢纤维掺加对混凝土力学性能改善作用明显。本书对掺有钢纤维的微膨胀混凝土力学性能进行了研究，如表 2-8 所示。

表 2-8　钢纤维微膨胀混凝土的物理力学性能

No	抗压强度/MPa		劈拉强度/MPa		抗折强度/MPa		弹性模量/MPa
	7 d	28 d	7 d	28 d	7 d	28 d	
S0	64.6	78.8	4.9	5.8	6.2	7.3	3.68×10^4
S40	66.3	80.6	6.8	7.8	7.8	9.3	3.86×10^4
S60	68.5	82.5	7.3	8.2	8.3	9.6	3.91×10^4
S80	67.2	81.3	7.6	8.4	8.6	9.9	3.88×10^4

由表 2-8 可知，掺有钢纤维的 S40、S60 与 S80 组各项力学性能指标均优于不掺钢纤维的 S0 组，随钢纤维掺量的增加，微膨胀混凝土力学性能变化模式如图 2-8 所示。图中显示，钢纤维的掺加对混凝土劈裂抗拉强度与抗折强度提高显著，最大提高幅度达 44.8%与 35.6%；而抗压强度与弹性模量提高程度不大，最大提高幅度为 4.7%与 6.3%。且随着钢纤维掺量的增加各力学性能指标提高幅度均出现下降，钢纤维掺量超过 60 kg 后，抗压强度与弹性模量还出现下降。

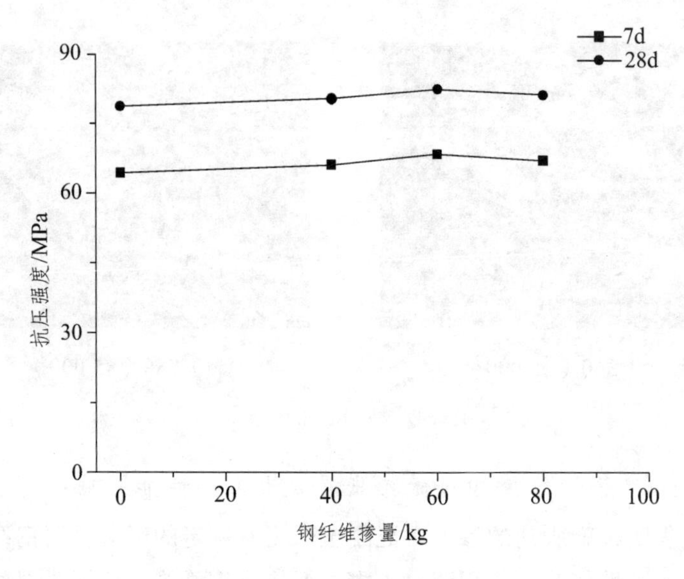

（a）抗压强度与钢纤维掺量关系

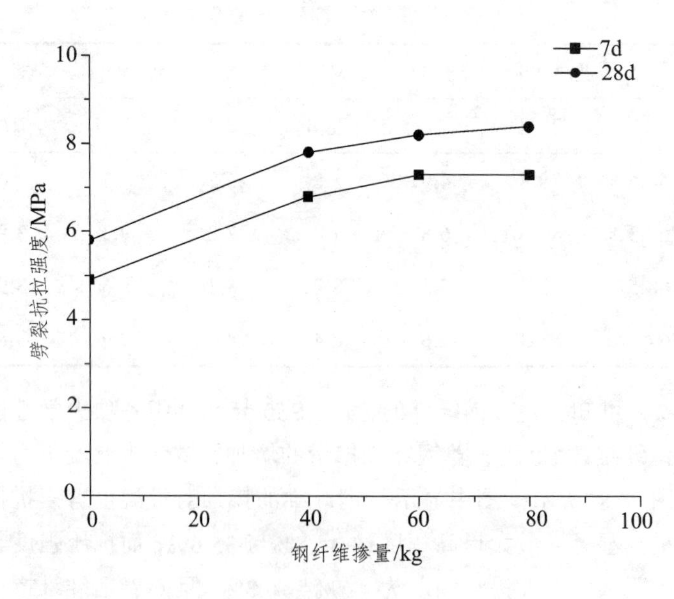

（b）劈拉强度与钢纤维掺量关系

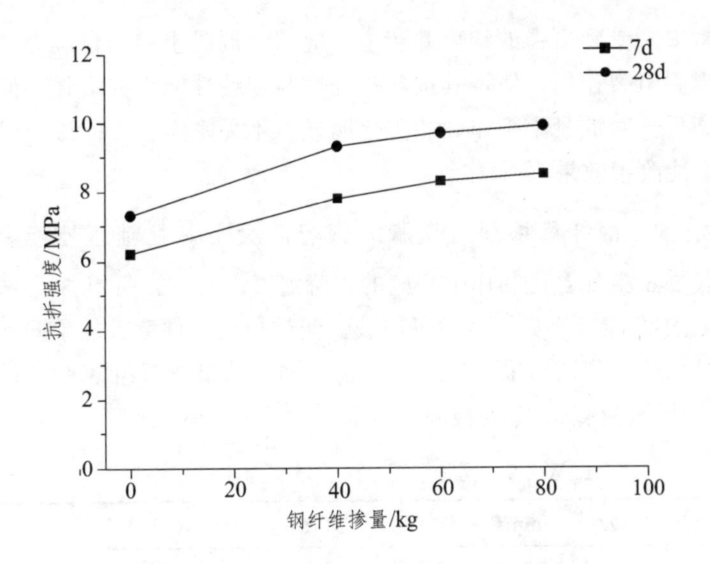

（c）抗折强度与钢纤维掺量关系

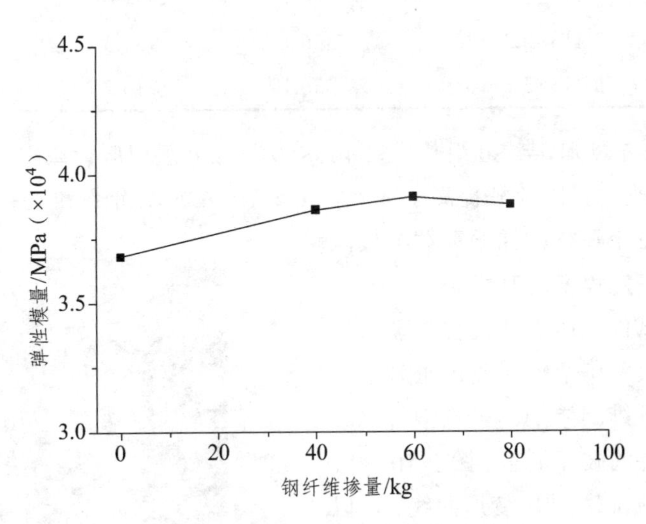

（d）弹性模量与钢纤维掺量关系

图 2-8　钢纤维对微膨胀混凝土力学性能的影响

可见，掺加适量的钢纤维，能明显改善微膨胀混凝土的力学性能。钢纤维既限制微混凝土膨胀，也限制其收缩，使混凝土结构更加致密，增强了钢纤维与水泥浆的粘结力，促进了钢纤维对膨胀混凝土体积变形限制，混凝土微膨胀受到更强的约束并产生自应力。混凝土中的自应力，结合钢纤维的限裂阻裂作用，使得其抗弯拉强度与韧性性能大大增强。但钢纤维掺量过高后，对混凝土工作性能劣化明显，不易密实，反而影响对其混凝土力学性能改善效果。

2.2.3.5 钢纤维掺加对微膨胀钢管混凝土短柱轴压性能影响

按表 2-6 中配合比制作了相应的钢管混凝土短柱，每组 3 个试件。采用 2 000 kN 万能液压伺服试验机加载，测试短柱试件测轴压承载力，试件参数以及承载力测试结果如表 2-9 所示，测试结果取每组 3 个试件的平均值，N_y 为屈服荷载，N_u 为极限荷载。

表 2-9 钢管混凝土试件承载力测试结果

No	$D×t×L$/mm	f_y/MPa	N_y/kN	N_u/kN
S0	113×2.27×339	336.1	881.4	964.6
S40	113×2.27×339	336.1	921.6	1 010.7
S60	113×2.27×339	336.1	933.5	1 026.2
S80	113×2.27×339	336.1	936.2	1 031.2

由表 2-9 可知，与 S0 组相比，S40、S60 与 S80 组屈服荷载提高了 4.6%、5.9%与 6.2%，极限荷载提高了 4.8%、6.4%与 6.9%，钢纤维的掺加对微膨胀钢管混凝土短柱的屈服荷载与极限荷载均有一定程度的改善。

各组试件轴压破坏过程与破坏形态差别不大，典型破坏模式如图 2-9。可见，钢纤维的掺加不影响钢管混凝土短柱试件的破坏形态。图 2-10 为各组试件典型荷载-轴压变形曲线，可以看出，掺有钢纤维的 S40、S60 与 S80 组试件较 S0 组斜率大、峰值点高，达到极限荷载后，试件曲线下降更平缓。由此说明，钢纤维的掺加提高了微膨胀钢管混凝土构件弹性阶段轴压刚度，且弹性阶段延长，改善了构件的承

图 2-9 典型破坏形态

载能力与延性性能。主要由于钢纤维的乱向分布形成网络结构较好的限制、延缓了核心混凝土微裂纹形成和扩展，改善了核心混凝土变形性能，从而提高了钢管微膨胀混凝土构件的轴压承载力、刚度与延性性能。

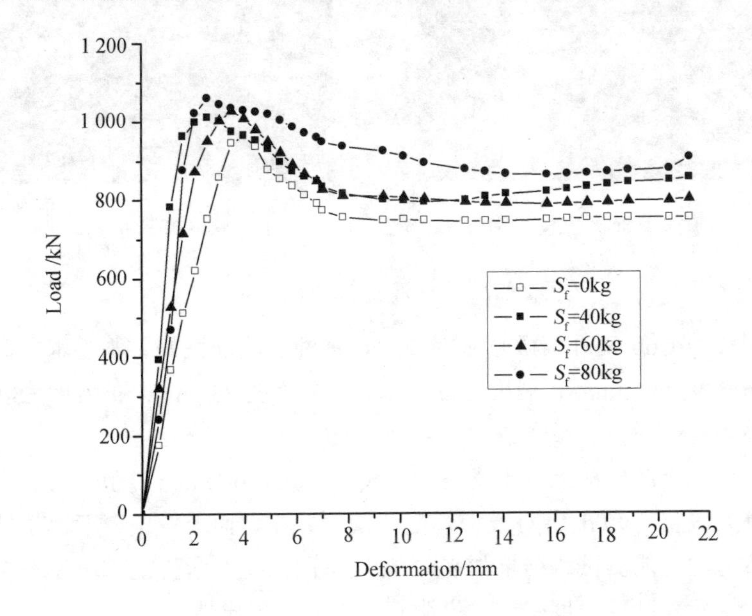

图 2-10　荷载-变形关系曲线

通过以上系列研究表明，微膨胀混凝土中钢纤维掺量每方 40 kg 时，钢纤维对混凝土的体积膨胀影响较小，同时混凝土具有较好的工作性能与自密实性，混凝土的力学性能也大幅提高，对钢管混凝土短柱构件的轴压力学性能也有所改善，表 2-6 中的 S40 组配合比可较好地满足依托工程钢管混凝土桁架梁弦管核心混凝土性能要求。

2.2.4　钢纤维微膨胀自密实钢管混凝土水平灌注试验

为检验本书制备的钢纤维微膨胀钢管混凝土自密实、微膨胀特性与泵送施工性能，根据表 2-6 中 S40 组配合比制备混凝土，对干海子大桥主梁弦杆混凝土水平灌注进行了足尺灌注试验，如图 2-11 所示。空钢管尺寸与干海子大桥主梁弦管一致，长 45 m，水平放置，按设计要求设置进浆管与冒浆管，泵机固定在离 200 m 左右位置，模拟长距离泵送施工。

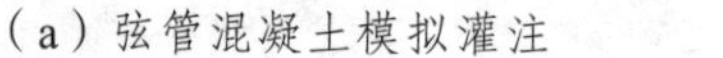

（a）弦管混凝土模拟灌注　　（b）冒浆管冒出混凝土

图 2-11　弦杆混凝土水平灌注试验

制备的 C60 钢纤维微膨胀混凝土包裹性、流动性好，不泌水、离析，初始坍落度 240 mm、扩展度 660 mm，3 h 坍落度 230 mm、扩展度 650 mm，整个泵送过程平稳，泵送压力 9 ~ 12 MPa。

采用超声波检测混凝土密实度，波速均在 4 000 m/s 以上，核心混凝土与管壁无脱空。90 d 时对模型管壁切割，并在截面上、中、下部位钻心取样进行力学性能测试，结果如表 2-10。不同部位力学性能基本没有差异，与同龄期标养试件强度一致，说明管内混凝土匀质性好。

表 2-10　核心混凝土抗压强度

	试件部位			标养试件
	顶面	中面	底面	
90 d 抗压强度/MPa	85.5	84.7	85.3	85.2

冒浆管内混凝土状态与主管核心混凝土一致，对冒浆管进行切割观察混凝土填充形态，如图 2-12，图中还列出了弦管核心混凝土破碎后的状态。可见，混凝土与管壁密贴结合，钢纤维与骨料均匀分布，混凝土具有较好自密实特性。

因此，本书制备的钢纤维微膨胀钢管混凝土泵送施工性能好，具有较好的匀质性与自密实特性，可实现干海子大桥弦管管内混凝土水平灌注密实填充。

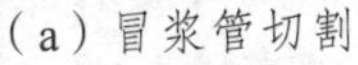

（a）冒浆管切割　　（b）管内混凝土破碎状态

图 2-12　核心混凝土密实性检测

2.3　钢纤维微膨胀钢管混凝土的抗冻性

2.3.1　概　述

根据依托工程干海子大桥工期安排与工程进度，其主梁钢管混凝土将在冬期灌注。气象资料显示，干海子地区冬期较长，从每年 10 月中下旬到来年 3 月，平均气温在−4.7 °C，且积雪严重（如图 2-13）。研究表明，养护温度降低到−5 °C，水泥的水化基本停止，新拌混凝土会受到冻害，后期的抗压强度损失至少 50%以上[110-112]，对于膨胀混凝土，其强度发展与膨胀率都严重下降。由于钢管混凝土良好的力学性能主要取决于钢管与核心混凝土二者密贴与共同作用，核心混凝土冻坏将严重影响其整体力学性能。因此，需要对干海子大桥钢管混凝土进行防冻性设计与研究，增强钢管混凝土的抗冻害能力，保证结构的安全性。

图 2-13　干海子大桥积雪

近年来，国内外在混凝土冻害机理、低温强度发展规律以及提高混凝土的抗冻性方面进行了大量的研究工作，较为有效的防冻措施主要有：添加防冻剂与引气剂、采用纤维增韧、缩短低温养护时间等[113-118]。但目前的研究主要针对普通混凝土，关于微膨胀混凝土的抗冻性研究较少[119-123]，尤其是对钢纤维微膨胀钢管混凝土的研究还没有报道。

本节将根据干海子大桥所处低温环境与工程结构特点，提出钢纤维微膨胀钢管混凝土抗冻设计方法，研究其低温工作性能与力学性能；并结合现场试验，探讨钢管混凝土在低温灌注与养护、后期升温后强度的发展规律，为干海子大桥以及其他钢管混凝土工程管内混凝土冬期施工提供理论技术支撑。

2.3.2 混凝土冻害机理

研究混凝土的抗冻性必须首先要了解混凝土受冻破坏的原因和机理。混凝土强度的发展主要来自水泥和矿物掺合料的水化作用，而其水化速度不仅与胶凝材料的组成结构和水胶比有关，还与外界温度密切相关。当温度较高时水泥水化较快，强度增长迅速，而当温度降低到 0 °C 时，混凝土中的自由水部分开始结冰，这时参与水泥水化的水减少，强度增长变缓。温度继续降低，当混凝土内部自由水完全变成冰，水泥水化进程基本停止，此时混凝土的强度不会再增长。由于水结成冰后体积约增大 9%，并产生较大的膨胀应力，如果其超过混凝土的抗拉强度值，便会使混凝土早期受冻破坏。

在受冻混凝土中水泥水化作用停止之前，使混凝土达到一个最小临界强度（《公路桥涵施工技术规范》JTJ041—2000 规定，用硅酸盐和普通硅酸盐水泥配制的混凝土，抗压强度达到设计强度的 40%及 5 MPa 前不得受冻，即规范规定混凝土最低临界强度为 5 MPa），可以使混凝土不遭受冻害，最终强度不受到损失。因此，尽量延长混凝土中水的液体形态，使之有充裕的时间与胶凝材料发生水化反应，达到混凝土的最小临界强度，及减少混凝土中自由水的含量是防止混凝土冻害的关键。

2.3.3　核心混凝土的抗冻设计与低温性能

2.3.3.1　低温混凝土早期强度发展措施

低温条件混凝土施工的关键就是要使混凝土尽快达到抗冻临界强度。研究表明[111]，低水灰比、掺防冻剂、引气量大的混凝土的抗冻临界强度相对低，使用早强型水泥或掺加早强剂，混凝土能够较快达到抗冻临界强度。因此，保证低温混凝土早期强度发展的措施主要采用早强型水泥与掺防冻剂。

防冻剂是根据混凝土冻害机理，结合抗冻临界强度、最优成冰率、冰晶形态转化等理论进行设计[110-111]，一般由包含四种组分：早强成分、引气成分、减水成分、防冻成分。其作用在于加快混凝土的凝结硬化，引入纳米级封闭气孔缓解冰晶膨胀应力，通过防冻组份降低拌和物冰点，细化冰晶，确保混凝土在负温下保持一定数量的液相水，使胶凝材料缓慢水化，改善混凝土的微观结构，从而使混凝土达到一个最小临界强度，待温度升高时强度持续增长并达到设计强度。可见，防冻剂的防冻作用机理是由各组分复合作用而实现。另外，防冻剂的种类很多，其使用应严格按照《混凝土外加剂应用技术规范》[124]中有关规定和要求，如：含亚硝酸钠、碳酸盐的防冻剂严禁用于预应力混凝土结构，含有硝胺、尿素等产生刺激性气味的防冻剂，严禁用于办公、居住等建筑工程等。

因此，低温条件混凝土施工，应根据不同的环境温度、构筑物特征，采取不同的技术措施来满足混凝土施工质量。

2.3.3.2　抗冻设计思路

根据依托工程现场自然气候条件，要求钢管混凝土桁架连续梁核心混凝土在−5 °C 时施工不发生冻害，现场原材料水泥采用了早强型水泥，另外减水剂中掺加了有机化合物乙二醇提高混凝土防冻性。早强水泥可促进混凝土早期强度发展，但其在负温或温度较低情况下同样水化进展缓慢。乙二醇可提高混凝土抗冻性，但需要较高掺量，而其高掺量会造成混凝土泌水。因此，还需采取其他措施提高混凝土的抗冻性。

根据混凝土受冻破坏成因与防冻剂工作原理，可以掺加亚硝酸钠，并添加适量的引气剂。由于钢管混凝土需严格控制含气量（ $<2.0\%$ ），否则在混凝土泵送施工过程中气泡会在泵送压力与混凝土自重作用下向混凝土与

管壁的界面处聚集而形成气囊，造成脱粘而影响钢管与混凝土的界面粘结性能，从而影响钢管混凝土的力学性能，所以不能采用添加引气剂来改善混凝土抗冻性。考虑到依托工程钢管混凝土桁架连续梁不属于预应力结构，且核心混凝土处于封闭状态，根据混凝土外加剂应用技术规范，非预应力结构采用亚硝酸钠作为主要防冻成分提高混凝土抗冻性是可行的。

因此，采用外掺亚硝酸钠作为防冻剂，与减水剂中有机化合物乙二醇共同作用，形成“有机+无机”复合防冻剂效果，避免二者单掺掺量高以及单掺对混凝土工作性能的不利影响。同时，结合混凝土中钢纤维限裂阻裂效应、限制条件下膨胀剂水化产物填充效应等，从多角度协同提高混凝土的抗冻性。

2.3.3.3 配合比与低温工作性能

水泥采用早强型性水泥，减水剂中复合乙二醇，其他原材料与第 2.2.1 条中一致。外掺亚硝酸钠作为防冻剂，掺量分别为 0、1.2 kg、2.4 kg 与 3.6 kg（占胶凝材料总量百分比分别为：0、0.2%、0.4%与 0.6%），研究亚硝酸钠掺量对混凝土低温工作性能与力学性能的影响，优选合理掺量。混凝土配合比与低温条件下工作性能如表 2-11，其中 A0 为基准组，A1 ~ A3 为对比组。

表 2-11 抗冻混凝土配合比与低温工作性能

No.	混凝土配合比/（kg/m^3）								坍落度/mm	扩展度/mm
	水泥	粉煤灰	硅灰	膨胀剂	钢纤维	防冻剂	水	减水剂	0 h/3 h	0 h/3 h
A0	460	70	30	45	40	0	170	10.1	240/230	650/640
A1	460	70	30	45	40	1.2	170	10.1	230/220	630/610
A2	460	70	30	45	40	2.4	170	10.1	220/210	610/580
A3	460	70	30	45	40	3.6	170	10.1	220/170	580/490

试验时自然环境温度为-1 °C，混凝土出搅拌机温度为 9.2 ~ 9.7 °C，4 组混凝土拌合物均有较好的包裹性，无泌水、离析现象。表 2-10 显示，初始坍落度在 220 ~ 240 mm，扩展度在 580 ~ 650 mm，具有良好流动性，表明掺加亚硝酸钠对混凝土初始状态影响较小。当亚硝酸钠掺量从 0 增加到 0.4%，3 h 后混凝土拌合物坍落度无明显变化，扩展度小幅减低；当掺量超过 0.6%时，3 h 后混凝土坍落度出现明显减小，扩展度显著降低，混凝土流动性急剧下降，工作性能严重劣化。可见，亚硝酸钠掺量在 0.4%左右时

可以满足混凝土低温泵送施工要求。

2.3.3.4　早期低温养护对混凝土后期强度发展影响

根据表 2-10 中配合比制备边长为 150 mm 混凝土立方体标准试件，每组 9 个。采用两种养护方式：标准养护与负温养护（−5 °C）。标准养护的试件，在标养室静置 24 h 脱模后继续养护至 28 d 龄期进行试验；负温养护的试件，先在标养室养护 6 h，然后转入−5 °C 冰箱恒温养护至 7 d 龄期，将部分试件移至标准养护室解冻 6 h 后进行测试，得“−7 d”强度，余下试件继续在标养室养护至 28 d 进行测试，得“−7 d+21 d”强度，研究分析不同养护制度条件下混凝土的强度发展规律，测试结果如表 2-12 所示。

表 2-12　不同养护方式钢纤维微膨胀混凝土强度

No.	强度/（MPa/%）		
	−7 d	−7+21 d	28 d
A0	3.9/5.1	51.7/68.0	76/100
A1	15.8/20.8	66.5/87.5	75.8/99.7
A2	20.3/26.7	73.8/97.1	76.5/100.7
A3	21.6/28.4	72.3/95.1	74.6/98.2

注：分母为各强度值与基准组 28 d 标养强度的比值。

由表 2-12 可知：各组试件 28 d 标养强度没有明显差异。−5 °C 恒负温下，基准组 A0 的−7 d 强度为 3.9 MPa，只占标养 28 d 强度的 5.1%；而 A1 ~ A3 组“−7 d”强度可达基准组 28 d 标养强度的 15.8% ~ 21.6%，且随亚硝酸钠掺量增加而增加。转入正温养护后，A1 ~ A3 组试件的“−7+21 d”强度仅比基准组 28 d 标养强度低 10%左右，亚硝酸钠掺量越高，相差越小；而 A0 组强度只恢复到标养 28 d 强度的 68%。由此可见，不掺亚硝酸钠的混凝土经历早期负温养护，其内部结构已经损伤，影响了养护温度升高后其强度发展，同时也表明减水剂中乙二醇防冻组分单独作用对混凝土的抗冻效果有限。而亚硝酸钠的掺加能促使钢纤维微膨胀混凝土在负温下强度持续稳定发展。

在低温条件下，不掺亚硝酸钠的混凝土内部孔隙中的自由水大部分结冰，一方面供水泥与膨胀剂水化的自由水减少，强度发展缓慢；另一方面，水结冰体积膨胀致使混凝土内部产生微裂缝。虽然钢纤维能限制裂缝开展，但混凝土强度低，钢纤维与水泥浆的粘结强度差，其阻裂作用不能有效发挥。于是，在双重劣化机制作用下，混凝土强度显著降低。后期温度升高后，水泥与膨胀剂水化速度加快，混凝土强度增长也加快，但由于早期受冻混凝土内部已存在大量微裂纹，导致其强度增长有限。而亚硝酸的掺加，其与乙二醇共同作用，形成“有机+无机”复合防冻效果，增加了混凝土孔隙中溶液的浓度，降低了溶液的冰点，混凝土内部自由水较多，促进水泥与膨胀剂持续水化，混凝土强度稳定发展，混凝土抗冻性大大提高。且水泥与膨胀剂水化生产的钙矾石进一步改善了混凝土内部孔结构，促进了钢纤维与水泥浆的粘结，钢纤维限裂作用增强，以致后期升温后其强度持续稳定增长。

2.3.3.5　微观结构特征

取先负温养护 7 d，再标养至 28 试件中的砂浆样品进行扫描电镜测试，观察负温转正温后混凝土内水化产物形貌特征，典型测试结果如图 2-14 所示。

（a）A0×5 000　　（b）A1×5 000

（c）A2×5 000　　（d）A3×5 000

图 2-14　SEM 测试结果

由图可以看出，A3 组防冻剂掺量最高，内部结构最为致密，表明其胶凝材料水化最为充分，因而早期低温养护对其后期强度发展基本没有影响。其次是 A1 与 A2 组，这两组试件水化产物晶粒细小，在孔隙中生长较好，其中 A2 组防冻剂掺量更高，其孔隙更小，结构密实性更好。A0 组内部孔隙最大，虽然后期升温后胶凝材料逐渐水化，但水化发展程度不如掺有防冻剂试件高，且内部存在明显裂缝。可见，早期低温养护造成不掺亚硝酸钠混凝土内部较大损伤，且后期升温后水化发展缓慢，因而其后期升温时强度增长有限。亚硝酸钠的掺加能保证混凝土水化持续进行，且掺量越高，后期水化越充分，结构越密实，后期强度增长较快。SEM 观测结果与强度测试结论一致。

通过对混凝土低温工作性能研究与强度测试，结合 SEM 观测结果，分析认为表 2-11 中 A2 配合比符合干海子大桥冬季混凝土施工要求，但仍需加强早期保温养护措施，提高早期养护温度。

2.3.4　现场试验

为确保依托工程钢管混凝土低温施工工程质量，选择冬季积雪天气在工程现场进行了钢管混凝土构件以及其核心混凝土力学性能试验，检验本书制备的钢纤维微膨胀钢管混凝土的抗冻性与防冻效果，研究低温灌注、后期升温对钢管钢纤维微膨胀混凝土构件承载力的影响，为依托工程混凝土低温环境下施工质量可靠性提供合理依据。

2.3.4.1　试件制作

1. 核心混凝土

按表 2-11 中配合比 A2 与 A0 制备 4 组边长 150 mm 混凝土立方体标准试块，工程现场自然环境温度均值−4.3 °C。4 组试件对应 4 个养护龄期，分别为 3 d、7 d、28 d 与 90 d。每组试件均包括基准配合比试件与掺亚硝酸钠防冻剂试件，基准组试件分标养与现场养护（如图 2-15）两种方式，而掺亚硝酸钠防冻剂试件分现场养护与“现场+标养”的养护方式，每种养护方式 3 个试件，同组不同养护方式试件的总龄期均相同，试件详细参数如表 2-13。对 P28X 与 F28X 组，每组取一个试件进行微观结构测试。

表 2-13　混凝土现场试验试件特征参数与测试结果

试件编号	配合比	数量	养护龄期/d	养护方式	抗压强度均值/MPa
P3X	A0	3	3	现场 3 d	4.7
P3B	A0	3		标养 3 d	51.7
F3X	A2	3		现场 3 d	32.2
F3XB	A2	3		现场 2 d+标养 1 d	46.8
P7X	A0	3	7	现场 7 d	26.4
P7B	A0	3		标养 7 d	63.3
F7X	A2	3		现场 7 d	45.4
F7XB	A2	3		现场 6 d+标养 1 d	56.3
P28X	A0	2	28	现场 28 d	39.8
P28B	A0	3		标养 28 d	75.4
F28X	A2	2		现场 28 d	69.1
F28XB	A2	3		现场 26 d+标养 2 d	71.5
P90X	A0	3	90	现场 90 d	48.7
P90B	A0	3		标养 90 d	81.4
F90X	A2	3		现场 90 d	78.1
F90XB	A2	3		现场 80 d+标养 10 d	79.8

注：试件编号首字母“P”表示基准组试件（普通试件），“F”表示掺防冻剂试件；中间数字表示养护龄期；尾号字母“X”表示现场养护，“B”表示标准养护，“XB”表示先在现场养护，再进行标准养护。

图 2-15　现场养护的混凝土试件

2. 钢管混凝土短柱

用 A2 配合比制备的混凝土灌注成型了 7 个钢管混凝土短柱试件，4 个现场养护，3 个标准养护。取 1 个现场养护试件进行管内混凝土微观结构测试，并与现场养护的同龄期核心混凝土试块微观结构进行对比。剩余 6 个短柱试件均进行轴压承载力测试，对比养护方式对其承载力的影响，试件尺寸参数如表 2-14。试件灌注混凝土时，先清理内壁锈尘，底端平放。灌注完后，将顶面抹平，覆盖一块小钢板，待混凝土凝结硬化后去掉钢板，试件两端用塑料膜密封。标准养护试件放置于标准养护室养护，现场养护试件置于雪地养护（如图 2-16），待自然环境温度回升，且稳定在 25 °C 以上时进行轴压承载力测试。

表 2-14　钢管混凝土短柱试件与测试结果

$D \times t \times L$/mm	数量	养护方式	试验内容	轴压承载力/kN	强度/MPa
113×2.27×300	1	现场养护	微观结构	—	—
	3		承载力	1 025	102.3
	3	标准养护	承载力	1 030	102.8

图 2-16　现场制作与养护的钢管混凝土试件

2.3.4.2　微观结构特征

对现场养护掺与不掺亚硝酸钠的 F28X 与 P28X 组混凝土试块和现场养护的钢管混凝土短柱切割，取中间部位浆体进行 SEM 观测，结果如图 2-17 所示。

可以看出，P28X 试块结构疏松且有较明显微裂缝存在，F28X 试块结构较密实也有微裂缝存在；而 CFST 核心混凝土界面过渡区饱满，结构致密，无微裂纹。可见，低温养护影响了 P28X 胶凝材料水化进程，内部微结构因早期自由水结晶膨胀应力已造成损伤，虽然钢纤维可以阻止微裂缝的形成，但由于钢纤维与水化产物粘结力较差，其约束效应得不到有效发挥，因而产生微裂缝。而 F28X 以及 CFST 核心混凝土中防冻剂促进了胶凝材料持续稳定水化，结构较密实，强度稳定增长，钢纤维与水化产物粘结力较强，其对混凝土体积变形限制作用明显，F28X 试件内部微裂缝明显减少且裂缝宽度相对较小；而 CFST 核心混凝土由于钢管与钢纤维的双重约束作用，有效限制了微裂缝的生成。

（a）P28X（×5 000）

（b）F28X（×5 000）

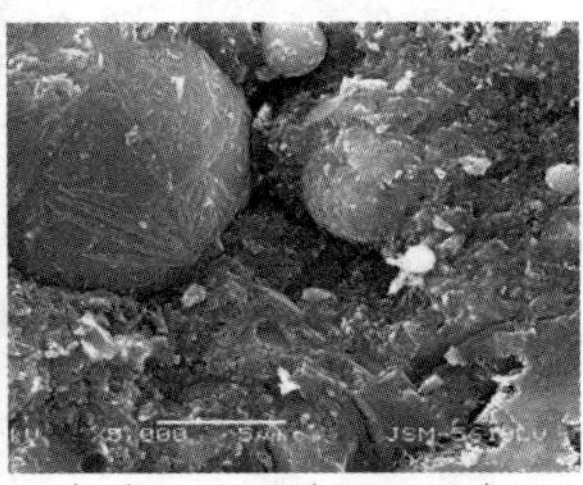
（c）CFST（×5 000）

图 2-17　SEM 测试结果

2.3.4.3　核心混凝土力学性能

混凝土抗压强度测试结果如表 2-13。图 2-18 表示了试件强度随龄期变化关系。可见，现场养护未掺亚硝酸钠试件各个龄期强度均较标养试件强度低很多，28 d 抗压强度远低于设计值，后期强度发展十分缓慢，说明低温养护影响了混凝土早期强度发展。相同龄期“亚硝酸钠+现场”试件、“亚硝酸钠+现场+标养”试件与“无亚硝酸钠+标养”试件，三者抗压强度关系表现为“无亚硝酸钠+标养”试件 > “亚硝酸钠+现场+标养”试件 > “亚硝酸钠+现场”试件，28 d 时抗压强度均达到设计要求，随龄期增长，三类试件强度值差异逐渐减小，90 d 时强度差值在 4%以内。可见，在低温养护条件下，掺有亚硝酸钠的混凝土，其早期强度发展速率虽没有标养试件迅速，但能保持稳定增长以致不受冻害，且随温度上升，强度增长加快，后期强度基本可以达到标养试件强度。同时也表明，现场自然条件养护，对混凝土后期强度发展影响很小。

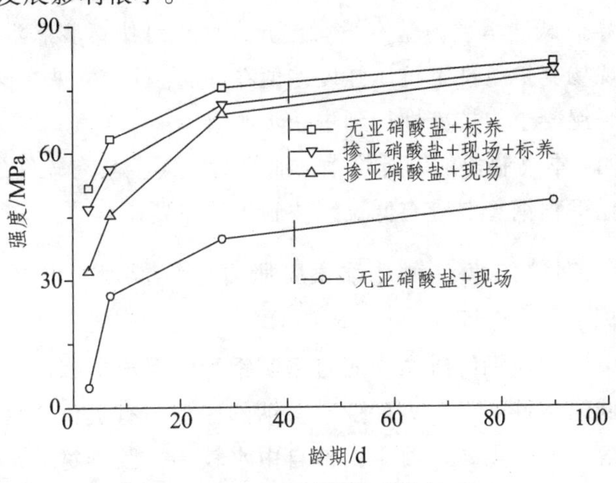

图 2-18　强度随龄期变化关系

2.3.4.4　短柱构件力学性能

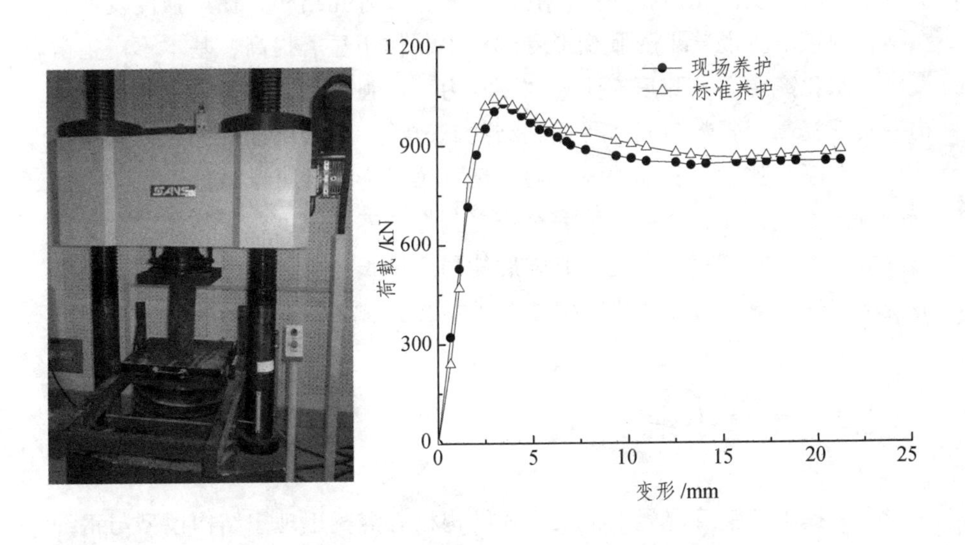

图 2-19　轴压承载力测试　　　　图 2-20　荷载-变形曲线

短柱承载力测试在 200 吨万能液压压力机上进行（如图 2-19），图 2-20 为两类试件典型荷载-位移关系曲线，两类试件荷载变形规律相似，初始刚度基本一致，达到极限荷载后，承载力下降幅度较小，变形增长较快，都具有很好的延性性能，承载力测试结果见如表 2-14。由表可知，标准养护试件与现场养护试件承载力基本没有差异，而钢纤维微膨胀混凝土试块在标准养护与现场养护条件下抗压强度差值在 4%左右，可见在钢管约束下，钢纤维微膨胀混凝土的抗冻性得到进一步改善。

研究表明，本书制备的钢纤维微膨胀钢管混凝土具有较好的抗冻性能，能够满足依托工程钢管混凝土低温灌注施工质量要求。

2.3.4.5 钢管约束对钢纤维微膨胀自密实混凝土抗冻性增强机理分析

钢管约束作用对钢纤维微膨胀自密实钢管混凝土抗冻性增强机理主要表现为：在低温条件下，一方面亚硝酸钠的掺加与有机化合物乙二醇共同作用降低了溶液的冰点，混凝土内部自由水较多，胶凝材料水化反应能持续进行。另一方面，钢纤维微膨胀混凝土内，少量自由水结晶成冰以及膨胀组分水化产物形成的膨胀变形受到钢纤维的限制，减小微裂缝的形成与扩展，同时迫使水化产物向内部孔隙填充，改善孔结构，促进强度发展。在钢管约束下，混凝土膨胀变形受到的限制作用显著提高，基本不产生微裂纹，水化产物向孔隙填充生长“驱动力”增强，孔隙率进一步降低，结构密实性提高，骨料与浆体界面粘结状态改善，混凝土强度提高。温度回升后，混凝土强度增长加快，但对于钢纤维微膨胀混凝土试件，由于内部有少量微裂缝存在，强度不能完全恢复到标准养护强度；而钢管混凝土核心混凝土中基本不存在裂缝，其强度能稳定增长，可达到标养强度，钢管混凝土构件承载力与标养状态构件承载力也基本没有差异。

2.4 本章小结

本章提出了钢管混凝土桁架梁式结构核心混凝土理想结构模型与钢纤维微膨胀钢管混凝土设计方法，确定了核心混凝中膨胀剂的合理掺量，研究了钢纤维对微膨胀钢管混凝土力学性能与体积变形性能的影响规律；并根据钢管混凝土低温施工要求，研究了钢纤维微膨胀钢管混凝土的抗冻性设计方法，通过现场试验对其抗冻性进行了验证。主要结论如下：

（1）采用复掺减缩型高效减水剂与高能膨胀剂，有效补偿混凝土的收缩，随高能膨胀剂掺量增加，混凝土自由膨胀率增大，增幅先增加后减小，且 28d 后体积稳定；XRD 测试表明膨胀剂掺量较高时，胶凝材料水化进程相对减缓；混凝土强度随膨胀剂掺量增加而先增加后降低。

（2）掺入钢纤维影响混凝土工作性能，掺量不超过每方 60 kg（体积掺量 0.75%）时能满足自密实混凝土技术要求。钢纤维约束混凝土膨胀变形，随其掺量增加，混凝土自由膨胀率减小，孔隙率降低，水泥石结构致密，力学性能提高；钢纤维对微膨胀混凝土抗折与劈拉强度提高显著，而抗压强度与弹性模量提高幅度较小，但在钢管套箍作用下，其抗压承载力提高明显。

（3）以亚硝酸钠作为防冻剂，对混凝土初始工作状态无明显影响，掺量超过 0.6%后，混凝土 3 h 后扩展度损失明显，流动性与填充性能显著降低；亚硝酸钠与乙二醇共同作用，既能有效解决二者单掺掺量高、混凝土工作性能劣化的问题，同时具有“有机+无机”复合防冻作用，保持混凝土在低温条件下强度稳定增长，结合钢纤维限裂阻裂作用，混凝土抗冻性能显著增强。现场试验表明，亚硝酸钠掺量 0.4%时，现场养护核心混凝土试件与钢管混凝土短柱轴压与相应标准养护试件的轴压基本没有差异，混凝土抗冻效果良好，满足低温施工质量要求。

第3章　钢纤维微膨胀钢管混凝土截面组合性能研究

3.1　引　言

钢管混凝土桁架梁式结构中弦杆与腹杆连接节点处弦杆通常是连续贯通的，弦杆的节点力先作用于管壁，然后通过钢管与核心混凝土之间的界面粘结将部分力传递至核心混凝土。因此，研究钢管混凝土弦杆管壁与核心混凝土的界面粘结性能，了解其截面组合性能，对研究和探讨钢管混凝土桁架梁式结构弦杆构件与整体结构的力学性能十分关键。

国内外学者在钢管混凝土界面粘结力组成与影响因素等方面进行了系列研究，并取得了一些有价值的研究成果。从以往的研究来看，钢管混凝土的界面粘结强度主要与构件截面形状、含钢率、管壁粗糙度、混凝土龄期与强度以及养护方式等有关[48-57]。但是这些研究对象主要是普通钢管混凝土，关于钢纤维微膨胀钢管混凝土的界面粘结性能几乎没有报道。有文献[60]研究指出由于膨胀混凝土的微膨胀效应，微膨胀钢管混凝土的界面粘结强度较普通钢管混凝土有大幅提高，但文献[125-126]对钢纤维微膨胀混凝土性能研究表明钢纤维的掺加对微膨胀混凝土的膨胀效应有抑制作用。所以，以钢纤维微膨胀混凝土为钢管填充混凝土，其与管壁的界面粘结性能如何还需要深入研究。

本章主要基于推出试验，研究核心混凝土中钢纤维掺量、界面粘结长度、截面含钢率等对钢纤维微膨胀钢管混凝土界面粘结强度的影响，探讨钢纤维微膨胀钢管混凝土界面粘结力组成与粘结破坏模式，分析其界面粘结力分布规律以及粘结破坏过程中管壁应变分布与发展状况，提出其界面粘结强度计算公式。

3.2　试验概况

3.2.1　试件设计

共进行了 32 个试件的推出试验，分两大类，第一类试件主要研究截面含钢率、钢纤维掺量对界面粘结强度影响，记为 T 类，根据钢管外径和壁厚不同分为 T3、T6 与 T8 三个系列，外径和壁厚分别为 113 mm×2.27 mm、127 mm×5.95 mm 与 203 mm×7.96 mm，每系列试件核心混凝土中钢纤维掺量包括 4 个等级：0、40 kg、60 kg 与 80 kg，每个等级为一组，每组 2 个试件。第二类试件主要探讨研究管壁与混凝土界面长度对界面粘结性能影响，分为 LT3 与 LT6 系列，LT3 系列只有一组，与 T34 组试件对比；LT6 有三组（长度递增），与 T64 组试件对比，同样每组 2 个试件。试件设计与参数特征如表 3-1 所示，其中 l 为界面粘结长度、N_u 指极限粘结破坏荷载、τ_u 为换算粘结强度、$\bar{\tau}_u$ 为每组两试件粘结强度平均值。

表 3-1　试件特征参数与试验结果

编号	$D\times T\times L$ /mm	含钢率 α	径厚比 D/T	钢纤维 /kg	l /mm	N_u /kN	τ_u /MPa	$\bar{\tau}_u$ /MPa
T30-1	113×2.27×300	8.55%	49.78	0	261.0	238.50	2.70	2.69
T30-2	113×2.27×300	8.55%	49.78		266.8	242.29	2.68	
T34-1	113×2.27×300	8.55%	49.78	40	269.8	229.21	2.51	2.52
T34-2	113×2.27×300	8.55%	49.78		268.0	230.00	2.54	
T36-1	113×2.27×300	8.55%	49.78	60	272.5	221.98	2.41	2.41
T36-2	113×2.27×300	8.55%	49.78		242.5	196.83	2.40	
T38-1	113×2.27×300	8.55%	49.78	80	272.3	215.23	2.34	2.32
T38-2	113×2.27×300	8.55%	49.78		270.5	210.34	2.30	
T80-1	203×7.96×500	17.74%	25.50	0	460.8	913.45	3.37	3.33
T80-2	203×7.96×500	17.74%	25.50		460.0	890.00	3.29	
T84-1	203×7.96×500	17.74%	25.50	40	463.0	879.74	3.23	3.22
T84-2	203×7.96×500	17.74%	25.50		460.7	870.00	3.21	

续表

编号	$D\times T\times L$ /mm	含钢率 α	径厚比 D/T	钢纤维 /kg	l /mm	N_u /kN	τ_u /MPa	$\overline{\tau}_u$ /MPa
T86-1	203×7.96×500	17.74%	25.50	60	461.5	846.67	3.12	3.14
T86-2	203×7.96×500	17.74%	25.50		450.3	836.89	3.16	
T88-1	203×7.96×500	17.74%	25.50	80	455.3	823.73	3.08	3.08
T88-2	203×7.96×500	17.74%	25.50		452.3	818.99	3.08	
T60-1	127×5.95×350	21.75%	21.34	0	312.0	420.76	3.73	3.76
T60-2	127×5.95×350	21.75%	21.34		315.8	431.73	3.78	
T64-1	127×5.95×350	21.75%	21.34	40	316.5	420.88	3.68	3.68
T64-2	127×5.95×350	21.75%	21.34		320.5	427.39	3.68	
T66-1	127×5.95×350	21.75%	21.34	60	318.0	414.75	3.61	3.63
T66-2	127×5.95×350	21.75%	21.34		318.8	419.81	3.65	
T68-1	127×5.95×350	21.75%	21.34	80	319.8	416.58	3.61	3.59
T68-2	127×5.95×350	21.75%	21.34		316.5	409.21	3.58	
LT3A1	113×2.27×350	8.55%	49.78	40	319.3	270.58	2.50	2.51
LT3A2	113×2.27×350	8.55%	49.78		324.0	276.55	2.52	
LT6A1	127×5.95×450	21.75%	21.34	40	422.5	563.00	3.69	
LT6A2	127×5.95×450	21.75%	21.34		420.8	561.07	3.69	3.69
LT6B1	127×5.95×550	21.75%	21.34	40	508.8	676.64	3.68	3.68
LT6B2	127×5.95×550	21.75%	21.34		527.0	701.57	3.68	
LT6C1	127×5.95×650	21.75%	21.34	40	610.3	825.09	3.74	3.71
LT6C2	127×5.95×650	21.75%	21.34		608.5	810.00	3.68	

注：T 类试件编号中前两个字符为系列号，倒数第 2 个数字表示钢纤维掺量（“0”指不掺钢纤维，“4”代表掺量为 40 kg，依次类推），末尾数字表示每组中试件序号；LT 类试件前三个字符表示系列号，倒数第二个字母为试件组号，末尾的数字表示每组中试件序号。如：T36-1 指试件 T3 系列中钢纤维掺量为 60 kg 的第 1 个试件；LT6A1 指 LT6 系列中试件长度为 450 mm 的第 1 个试件。

3.2.2　材料性能与试件制作

1. 钢　管

钢管包括三种类型，根据《金属拉伸试验试样》（GB6397—86）取样，按《金属材料室温拉伸试验方法》（GB/T228—2010）规定的方法进行力学性能测试，测试结果见表 3-2。

表 3-2　钢材力学性能参数

钢管类型 $D\times T$/mm	屈服强度/MPa	抗拉强度/MPa	弹性模量（$\times10^5$）/MPa	泊松比
113×2.27	336.05	428.07	2.01	0.268
127×5.95	386.01	518.63	1.99	0.281
203×7.96	390.25	554.36	1.95	0.275

2. 混凝土

混凝土按 C60 设计，原材料与第 2.2.1 节材料一致。为研究钢纤维掺量对界面粘结强度影响，设计了四组配合比 A0 ~ A3，钢纤维掺量分为 0、40 kg、60 kg 与 80 kg，配合比与力学性能见表 3-3。

表 3-3　混凝土配合比与力学性能

编号	配合比/（kg/m³）									力学性能/MPa	
	水泥	粉煤灰	硅灰	膨胀剂	钢纤维	水	砂	石	外加剂	强度	弹模（$\times10^4$）
A0	460	70	30	45	0	160	723	1 012	10.3	76.6	3.72
A1	460	70	30	45	40	160	723	1 012	10.3	80.3	3.84
A2	460	70	30	45	60	160	723	1 012	10.3	83.3	3.86
A3	460	70	30	45	80	160	723	1 012	10.3	79.8	3.87

3. 构件成型

灌注混凝土前除去钢管内壁的浮尘与锈迹，并将管壁润湿。灌注时将钢管垂直放置，混凝土从顶面分层灌注，至混凝土顶面比钢管顶面低 3cm 左右，然后将钢管预留空心部分清理干净，并用塑料薄膜将试件顶端密封养护。

3.2.3 试验装置与测试方法

3.2.3.1 试验装置

试验在 200 吨的 YAW4306T 型微控全自动压力试验机（如图 3-1）上进行，采用 DCS-200 数控系统，该设备可以自动监测加载力以及上下加载端板间的位移，并能连续自动绘出荷载-相对位移曲线。

图 3-1 试验加载装置

图 3-2 是钢管混凝土界面粘结强度测试示意图。试验前将底端空心部分管壁开一道 3 mm×3 mm 的缺口，以便混凝土推移过程中排气。为便于试件安装将钢管留有空隙的一端朝下，且在下端与下传力板间垫一块厚 20 mm、边长 200 mm 的方钢垫板，顶面垫一块直径比钢管内径小 2 ~ 3 mm、厚 50 mm

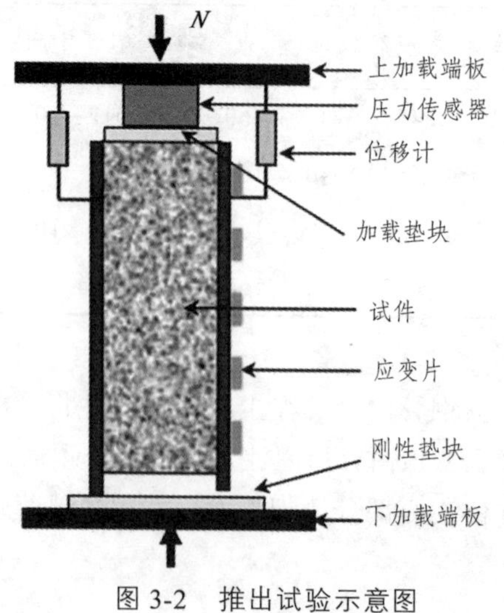

图 3-2 推出试验示意图

的圆形钢垫块。试验机下传力板荷载直接作用在底部空心钢管部分，然后由钢管与混凝土之间的界面粘结将荷载传递给混凝土，混凝土顶面则由上传力板通过圆钢板垫块提供反力支撑。钢管应力自底向上逐渐减小，而混凝土应力逐渐增大，反力大于界面粘结力时，混凝土与管壁即发生滑移。

3.2.3.2　测试方法与加载方案

通过在钢管外壁粘贴应变片测试混凝土推出过程中管壁的应变分布与发展过程，应变片沿试件两侧对称布置，数量和间距因试件高度不同而有所差异，典型布置方案如图 3-3 所示，应变数据通过 JM3812 静态应变仪采集。核心混凝土滑移量与所加荷载值由仪器自带传感器监测与记录。

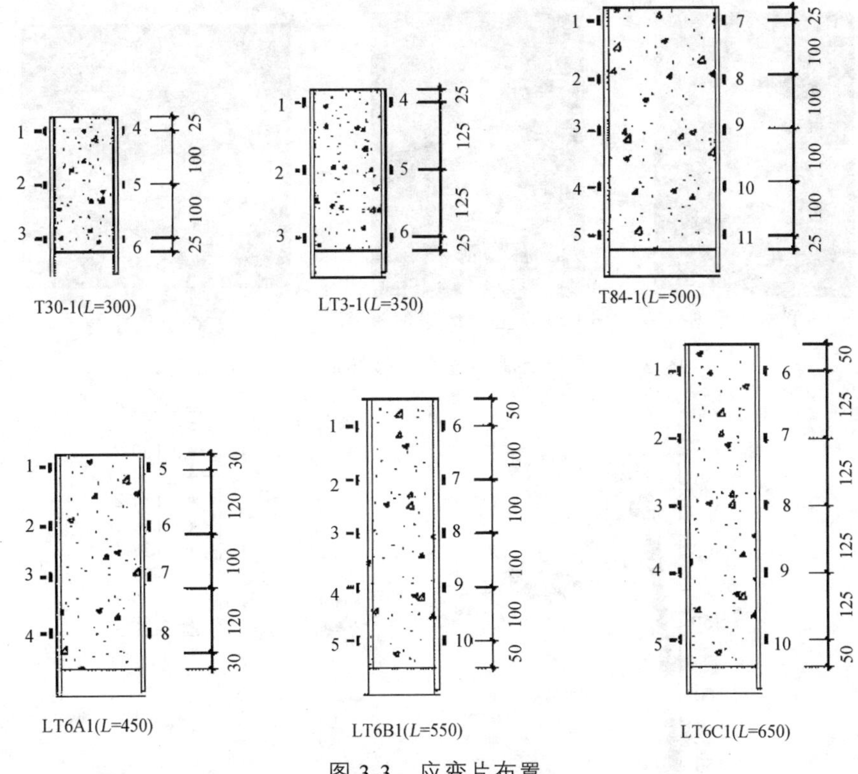

图 3-3　应变片布置

试验测试前先施加 10 kN 荷载进行预加载，使垫块与试件以及上下加载端板之间连接紧密，同时检查仪器工作状况。试验加载初期采用分级加载，荷载等级大小由试件长度而定，试件长 300 mm 时荷载等级取 20 kN，长度每增加 50 mm 则荷载等级每级增加 5 kN，每级荷载持荷 2 min。当荷载-滑移曲线出现明显非线性特征时，采用慢速连续加载，直到核心混凝土接触到下垫板或者钢管空心部分发生明显屈曲时停机卸载。

3.3 结果分析与讨论

3.3.1 粘结破坏过程

所有试件核心混凝土均推移至底端垫板处，图 3-4 显示了混凝土典型滑移状态与最终破坏形态，图 3-5 为试件加载过程中荷载-滑移的关系曲线。

（a）初始滑移

（b）混凝土整体刚体滑移

（c）典型破坏形式

图 3-4　混凝土滑移过程与破坏形态（T80-1）

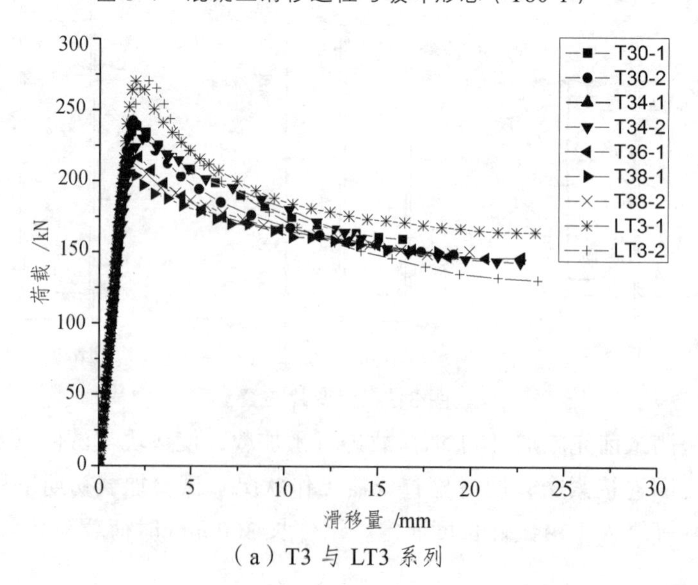

（a）T3 与 LT3 系列

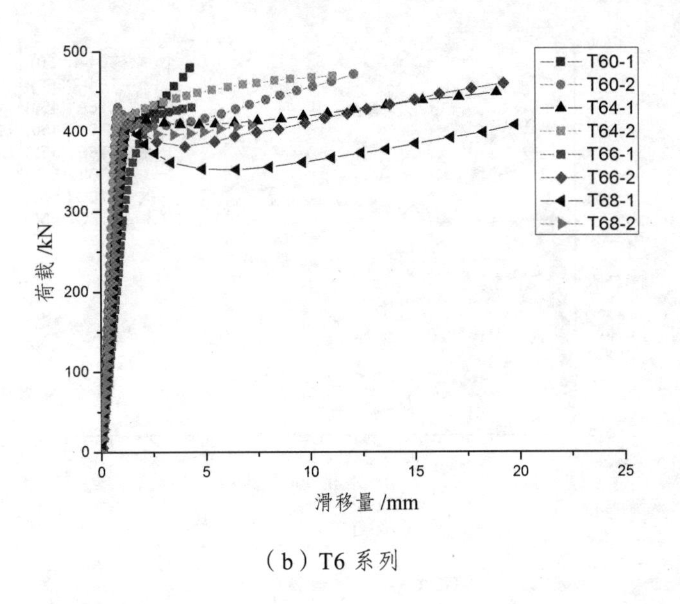
荷载 /kN
滑移量 /mm
T60-1
T60-2
T64-1
T64-2
T66-1
T66-2
T68-1
T68-2

（b）T6 系列

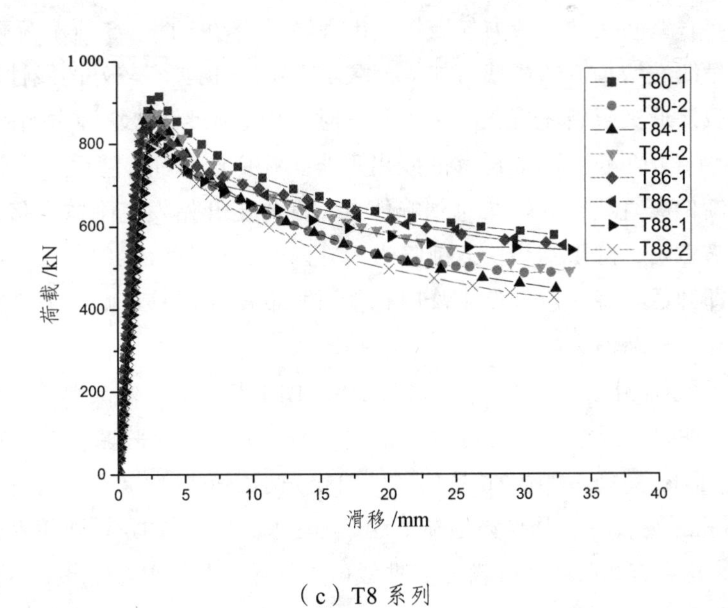
荷载 /kN
滑移 /mm
T80-1
T80-2
T84-1
T84-2
T86-1
T86-2
T88-1
T88-2

（c）T8 系列

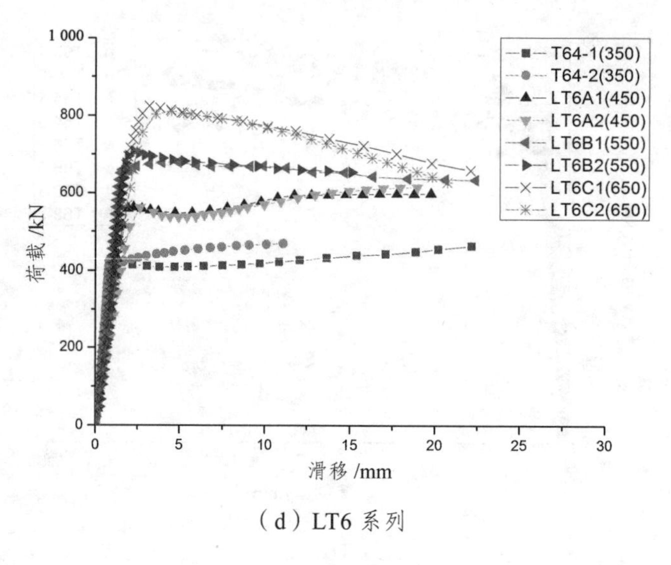

（d）LT6 系列

图 3-5　荷载-滑移曲线

加载初期，混凝土与管壁粘结较好，没有明显破坏特征，仅试件端部混凝土与管壁间化学胶结力先破坏而出现轻微松动，图 3-5 所示荷载-滑移曲线均呈线性增长。随荷载增加，荷载-滑移曲线仍具有较好的线性特征，直到荷载接近极限破坏荷载的 85%左右时，顶端圆形钢垫块轻微陷入试件，如图 3-4（a）所示，荷载-滑移曲线出现非线性变形特征。随后，荷载-滑移曲线逐渐偏离直线，并很快达到峰值点，混凝土开始发生刚体滑移，并能听到清脆声响，圆形钢垫块逐渐陷入钢管内部，如图 3-4（b），荷载-滑移曲线随即开始下降。刚开始下降时仍能听见混凝土滑移声响，但随滑移量增加，声音逐渐消失。

关于荷载-滑移曲线的下降过程，T3、LT3 与 T8 系列试件，曲线前期下降趋势明显，当滑移量达到 20 mm 左右时，下降趋于平缓，如图 3-5（a）与（c）。而图 3-5（b）中 T6 系列试件曲线先小幅下降后又逐渐上升，滑移量达 15 mm 左右时上升趋势逐渐平缓。图 3-5（d）中 LT6 系列随界面长度的增加，达到破坏荷载后荷载-滑移曲线由先下降后上升变为缓慢持续下降。

试验结束后，可以看到顶面加载垫板与管壁间隙的混凝土已磨碎，钢管壁有明显的磨痕，典型破坏形态如图 3-4（c）。

3.3.2　钢管外壁应变分布

试验选取各系列试件中钢纤维掺量为40kg的试件进行了管壁应变分布测试，图 3-6 是加载过程中各试件钢管外壁沿高度方向应变分布状态。

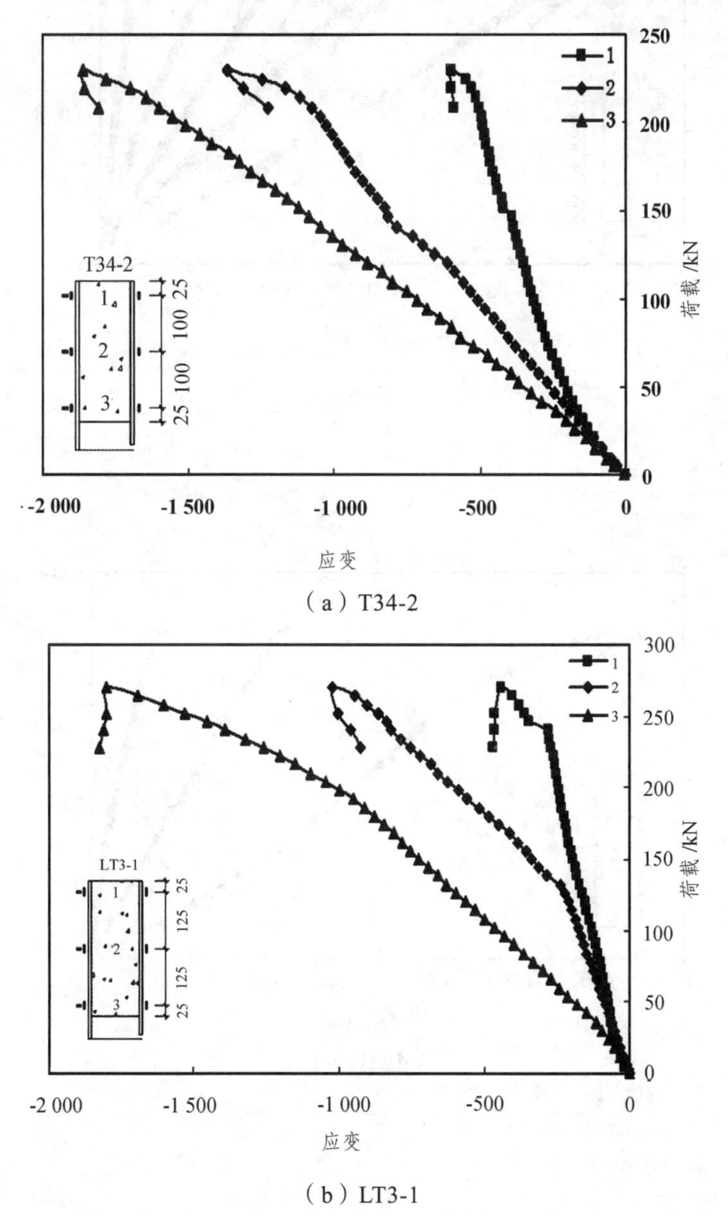

（a）T34-2

（b）LT3-1

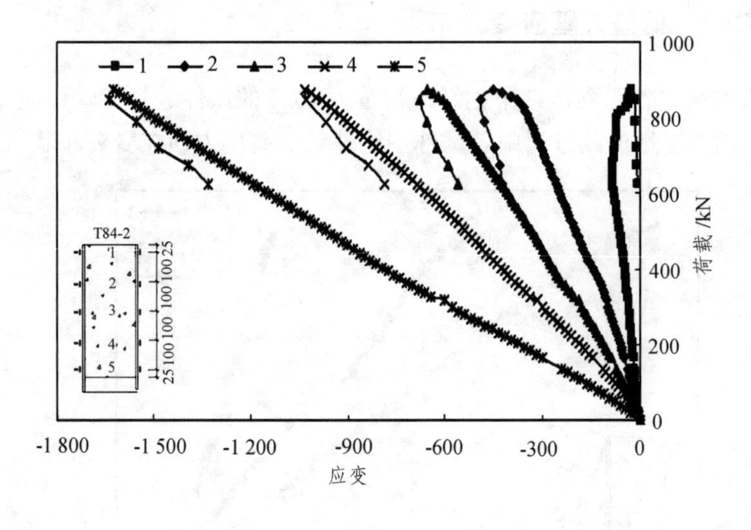
1
2
3
4
5
T84-2
1
2
3
4
5
25
100
100
100
100
25
1 000
800
600
400
200
0
荷载 /kN
-1 800
-1 500
-1 200
-900
-600
-300
0
应变

（c）T84-2

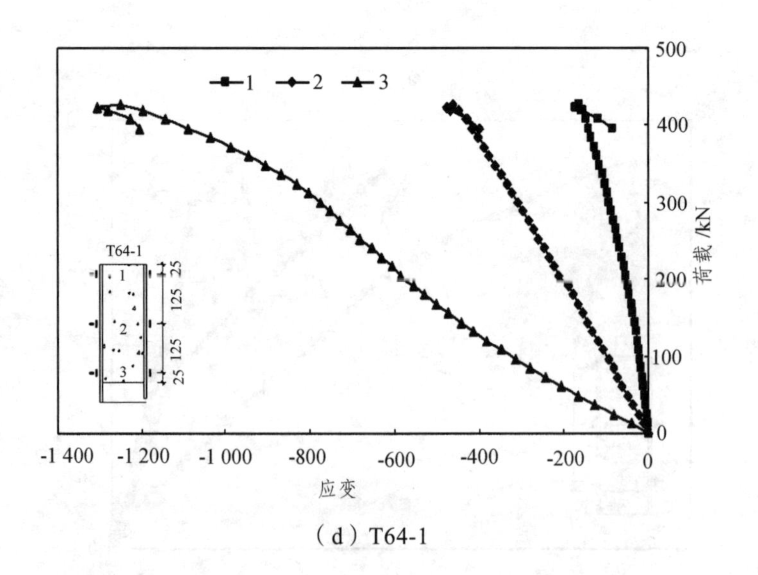
1
2
3
T64-1
1
2
3
25
125
125
25
500
400
300
200
100
0
荷载 /kN
-1 400
-1 200
-1 000
-800
-600
-400
-200
0
应变

（d）T64-1

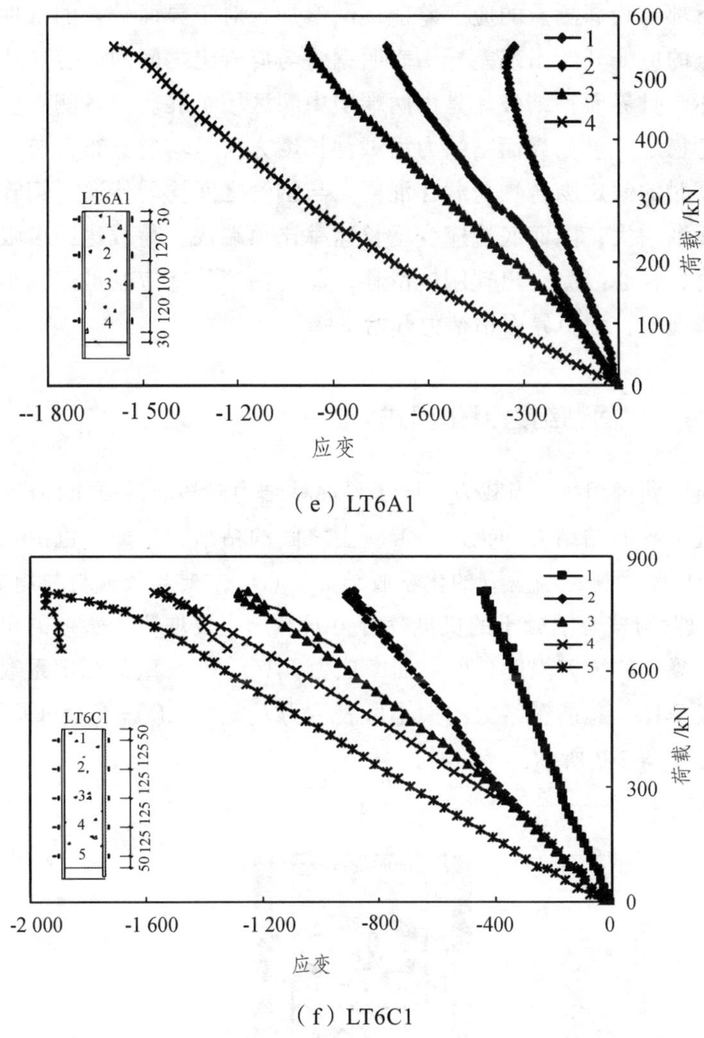

（e）LT6A1

（f）LT6C1

图 3-6　荷载-钢管纵向应变关系曲线

由图可见，随荷载增加钢管外壁各测点应变均呈线性增长，T34-2、T84-2 与 T64-1 试件混凝土整体刚体滑移时管壁最大应分别为 1 863 με、1 625 με 与 1 306 με，钢管没有发生塑性应变，基本处于弹性阶段。加载初期，沿试件高度方向各点应变差别不大，对于界面较长的试件，如试件 LT6A1 与 LT6C1，其中间部位测点的应变十分接近。总体来看，除两端较小区域外，钢管与混凝土之间应变连续，基本没有出现滑移。随荷载增加，试件上下部与相邻测点的应变差值逐渐增加，对于界面较长的试件，中间部位测点的应变开始出现差异，表明钢管与混凝土之间的应变连续性开始逐渐破坏，且界面粘结破坏是由两端向中间区域扩展。但各测点应变增长速率保持稳定，可见界面粘结力沿试件长度方向呈均匀分布，与计算界面粘结强度时的假定吻合。荷载在混凝土与钢管之间均匀传递，钢管底端累积应力逐渐增大，因而底端应变增长速率比顶端快。荷载达到极限粘结破坏荷载时，核心混凝土出现刚体滑移，此时钢管外壁应变迅速减小，钢管出现卸载现象，说明界面粘结力开始下降。

3.3.3 界面粘结力退化模式

推出试验过程中，当载力克服了界面粘结力时核心混凝土即产生滑移。钢管混凝土界面粘结力同钢筋与混凝土之间的粘结力一样，也由三部分组成[54-55]：① 胶凝材料与管壁的化学胶结力 $F_c(s)$，主要与胶凝材料组成有关。② 钢管内壁与核心混凝土的机械咬合力 $F_m(s)$，主要取决于管壁的粗糙程度和核心混凝土的抗剪强度。③ 界面摩擦力 $F_f(s)$，与管壁的摩擦系数以及法向压力成正比。总的粘结力的大小可表示为 $F_b(s)=F_c(s)+F_m(s)+F_f(s)$，其组成示意如图 3-7 所示。

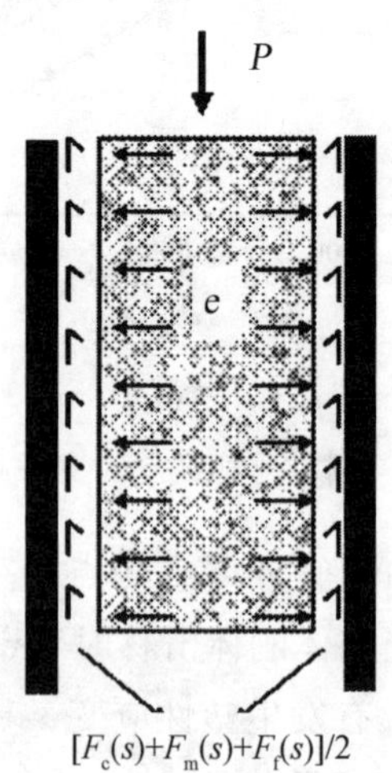

图 3-7　界面粘结力组成示意图

普通钢管混凝土界面无法向应力，试件界面初始摩擦力 $F_f(0)$ 为 0，测试前总的界面粘结力组成：$F_b(0)=F_c(0)+F_m(0)=F_c+F_m$。而钢纤维微膨胀钢管混凝土，由于核心混凝土微膨胀效应产生膨胀力 e，因而其界面存在初始静摩擦力 $F_{f(e)}$，测试前总的界面粘结力组成：$F_b(0)=F_c(0)+F_m(0)+F_f(0)=F_c+F_m+F_{f(e)}$。钢纤维微膨胀钢管混凝土在粘结-滑移过程中界面粘结力随滑移量的变化模型可用图 3-8 表示。图中曲线含义为：$F_c(s)$——化学胶结力变化曲线；$F_m(s)$——机械咬合力变化曲线；$F_f(s)$——界面摩擦力变化曲线；$P(s)$——荷载曲线（亦即界面粘结力 $F_b(s)$ 变化曲线），极值点后曲线有①、②、③三种发展模式。

图 3-8 分析了钢纤维微膨胀钢管混凝土界面粘结力各组分随滑移量的变化模式。外荷载较小时，由于化学胶结力相对较弱在试件的两端首先破坏，端部轻微滑动，该范围内的机械咬合力也随即发挥作用。随荷载增加，端部混凝土与管壁之间滑移增加，化学胶结力破坏逐渐向试件中部转移，靠近中部的机械咬合力开始发挥作用。而混凝土由于泊松效应而产生横向变形，摩擦力在初始 $F_{f(e)}$ 的基础上增强。荷载继续增加，核心混凝土即将形成刚体滑移时，化学胶结力仅在中部较小一段区域存在，端部区域混凝土已有磨损，该区域摩擦系数降低以致摩擦力有所下降，但界面总摩擦力仍在增加，荷载主要由摩擦力与中间未滑移部分以及两端已滑移区域剩余的机械咬合力承担。

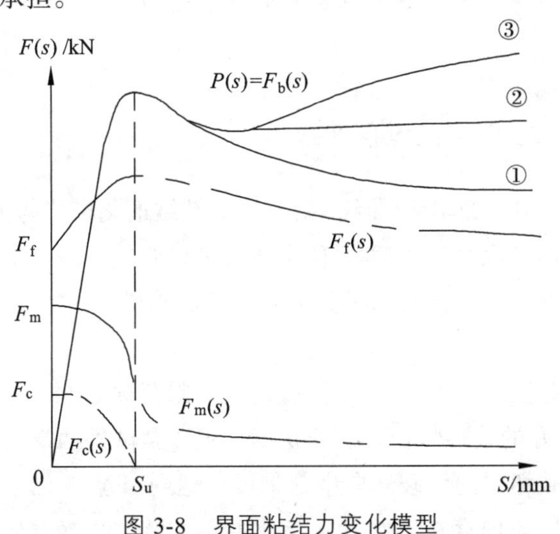

图 3-8　界面粘结力变化模型

当滑移量达到 S_u 时，化学胶结力完全丧失，混凝土与管壁整体脱粘，外荷载完全克服界面摩擦力与剩余机械咬合力而达峰值点，即为界面极限粘结力 $F_{b-\max}=\overline{F_m}+F_f(e,c,\Delta m)$（$\overline{F_m}$ 为剩余的机械咬合力，$F_f(e,c,\Delta m)$ 表示混凝土微膨胀效应以及荷载作用下横向变形产生的摩擦力），混凝土随后发生刚体滑移。

普通钢管混凝土中外荷载只需克服化学胶结力与机械咬合力，核心混凝土即发生整体刚体滑移，产生滑移后外荷载需克服摩擦力。如果化学胶结力与机械咬合力能抵抗的外荷载之和相对较小，而混凝土出现刚体滑移时的初始摩擦力较大，则外荷载需继续增加才能使混凝土持续滑移，只是增加幅度较小，荷载滑移曲线出现拐点，继续上升；反之，则出现峰值点，荷载开始下降。但对于钢纤维微膨胀钢管混凝土，外荷载需克服化学胶结力、机械咬合力以及膨胀效应产生的初始摩擦力，核心混凝土才发生刚体滑移，三者所能承担的外荷载较混凝土发生刚体滑移时的摩擦力大，因而混凝土刚体滑移后荷载滑移曲线直接进入下降段，而不会出现持续上升过程。如果钢管内壁较光滑，界面摩擦力与剩余机械咬合力持续下降，则界面承载力不断下降，于是出现如同图 3-7 中曲线①的下降段。但研究[54-55]也表明，若管壁较粗糙，随着核心混凝土的滑移，其与新的管壁接触而增强机械咬合力，摩擦力也增大，另外试件截面含钢率高，对混凝土约束能力强，这时荷载变形会出现曲线③的上升段。图中的曲线②是介于①与③之间的状况。

3.3.4 荷载-滑移全过程曲线

分析图 3-5 中荷载-滑移曲线，结合界面粘结退化模式与失效机理研究，钢纤维微膨胀钢管混凝土荷载-滑移全曲线可以归纳为图 3-9 中所示的两类简化模型。可见，两类模型均可分为四个发展阶段：

1. 模型一

（1）初始滑移段（OA）：A 点荷载约占极限荷载的 85%，该区段内荷载-滑移曲线有较好的线性特征。加载初期，主要是试件两端管壁与混凝土化学胶结力首先破坏，随后破坏向中部扩展，达到 A 点时已十分微弱，仅在试件中部较短区段内存在。此时，荷载主要由界面摩擦力与机械咬合力承担，由于试件两端已发生滑移，该区域内的机械咬合力以及膨胀效应形成的初始摩擦力也有所降低。同时，混凝土由于泊松效应产生横向变形，摩擦力增强，其增加部分可等效看成由已破坏失效的界面粘结力转化而来。此过程中化学胶结力大部分失效，试件两端发生较小相对滑移，粘结破坏不明显。

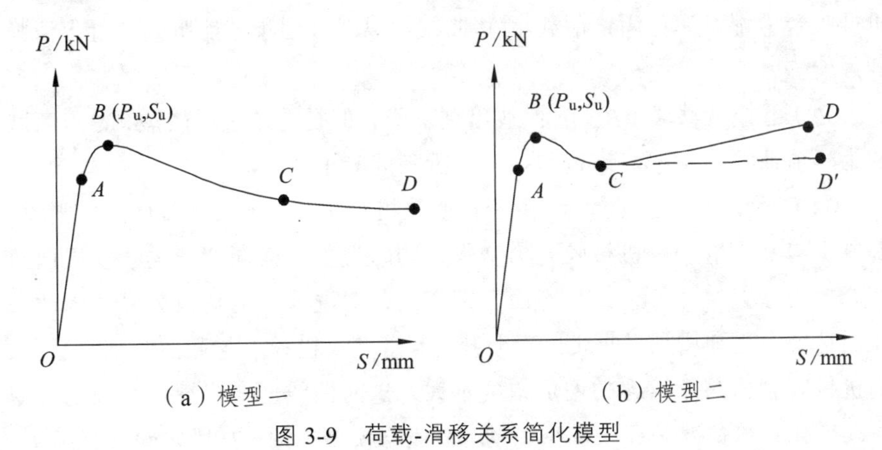

（a）模型一　　（b）模型二

图 3-9　荷载-滑移关系简化模型

（2）机械咬合段（*AB*）：该过程较短，试件中部机械咬合力已发挥作用，两端的机械咬合力由端部向中部出现不同程度的退化，膨胀效应形成的初始摩擦力也呈现相同的退化模式，但整体摩擦力仍增加。当化学胶结力完全丧失时，试件中部机械咬合力也出现退化，这时荷载-滑移曲线达到峰值点 *B*，界面摩擦力也达最大值，随后即发生整体刚体滑移。此过程中整个界面机械咬合力都发挥作用，荷载-滑移曲线偏离线性增长，能听到混凝土清脆滑移声音。

（3）磨损滑移段（*BC*）：曲线进入下降段，混凝土开始发生整体刚体滑移，能听到混凝土持续的声响，界面混凝土磨损，摩擦系数降低，因而摩擦力减小，界面粘结力逐渐减小。该过程界面粘结力主要由摩擦力与剩余机械咬合力承担。

（4）平稳滑移段（*CD*）：经过磨损滑移段后，由于界面混凝土磨损，其与新接触管壁的机械咬合力持续减小，可断续听到混凝土滑移声音，荷载-滑移曲线缓慢平稳下降。

2. 模型二

（1）初始滑移阶段（*OA*）：该阶段发展过程与模型一相同。*A* 点荷载约为极限荷载 85%，该区段内荷载-滑移曲线有较好的线性特征，化学胶结力大部分失效，试件两端发生较小相对滑移，粘结破坏不明显。

（2）机械咬合段（*AB*）：该阶段发展过程与模型一相似。化学胶结力完全丧失，荷载-滑移曲线达到峰值点 *B*，界面摩擦力也达最大值，整个界面机械咬合力都发挥作用，荷载-滑移曲线偏离线性增长，能听到混凝土清脆的声响。

（3）磨损滑移段（*BC*）：曲线出现下降，但是持续过程较短，*C* 点荷载约为峰值荷载的 90%。该过程同样能听到混凝土声响。

（4）回升段（*CD*/*CD′*）：由于管壁较粗糙，混凝土发生整体刚体滑移，混凝土与新管壁接触机械咬合力增强，同时混凝土横向变形继续发展而致使摩擦力增大。此外，试件截面含钢率高，对混凝土的约束力强。因此，界面粘结力逐渐增加，曲线出现上升。若管壁粗糙程度与截面含钢率适中，则机械咬合力与摩擦力的增加幅度不大，这时曲线便会出现 *CD′* 段的近似直线变化，该情况是介于模型一的 *CD* 段与模型二的 *CD* 段之间的状况。

符合模型一特征的试件主要是壁厚 T3 系列与 LT3 系列以及 T8 系列试件，符合模型二的主要是 T6 系列试件。另外，LT6 系列荷载-滑移曲线与模型一相似。

3.3.5 界面粘结强度与其影响因素

钢管混凝土界面粘结强度是其粘结性能的直观反映，目前关于粘结强度的定义主要有以下两种：

1. 极限粘结强度

通过推出试验测得核心混凝土与管壁间的相对滑移，得到试件荷载-滑移关系曲线，取该曲线的极值点或拐点为界面极限粘结破坏荷载，其对应的界面粘结强度即为界面极限粘结强度，假定粘结力沿界面均匀分布，按公式 $\tau_u = N_u/\pi D_0 L_0$ 计算[54]，式中 N_u 为极限粘结破坏荷载，L_0 为界面粘结长度，D_0 为钢管内径。

2. 平均粘结强度

通过对推出试验中钢管壁轴向压缩变形的测试，假定钢管壁的变形主要来自界面粘结力的传递，在钢管与混凝土产生粘结力的长度 L_0 范围内，

平均粘结强度 τ 为一常数，按公式 $\overline{\tau}=(N/A_s-\sigma_{os})t/L_0$ 计算[48]，式中 N 为加载力值，A_s 与 t 为钢管截面积与壁厚，σ_{os} 为钢管与混凝土之间应变连续时钢管纵向应变。

关于两种定义方法目前没有统一标准，不同研究者得出的结论也不一致。本书通过测试得到的荷载-滑移关系曲线，采用极限粘结强度来进行分析，计算结果如表 3-1。同时还得到了各试件界面粘结强度与相对滑移量的关系曲线如图 3-9，各曲线峰值点对应值即为极限粘结强度。

由表 3-1 可知，本书中钢纤维微膨胀钢管混凝土界面极限粘结强度在 2.32 到 3.76 MPa 之间。而大量研究表明[53-59]，圆形截面普通钢管混凝土界面极限粘结强度在 0.43 到 1.52 MPa 之间。可见，钢纤维微膨胀钢管混凝土的界面粘结强度较普通钢管混凝土一般提高 1 ~ 3 倍，其截面组合性能优于普通钢管混凝土。主要是因为钢纤维微膨胀钢管混凝土核心混凝土微膨胀效应产生的法向力挤压钢管，增强了界面摩擦力，提高了界面粘结强度，从而改善了其界面粘结性能。界面粘结强度越高，在钢管混凝土结构节点处，节点力由弦管钢管传递给核心混凝土的传递距离越短，钢管与混凝土轴向不协调工作的区域越小，应力分布均匀[127]，复合材料共同工作性能越好。此外，界面粘结强度高，核心混凝土与钢管接触越紧密，混凝土对钢管的径向约束越强，特别是钢管混凝土构件处于弯拉应力状态下时，对管壁的局部屈曲限制作用增强。所以，相比普通钢管混凝土，由于钢纤维微膨胀钢管混凝土界面粘结强度高，截面组合性能好，能更充分发挥钢管混凝土轴压与弯拉等力学性能优势。

图 3-10 为各系列试件典型的粘结强度-滑移关系曲线。可见，各试件粘结强度-滑移关系曲线变化趋势与荷载-滑移关系曲线变化趋势一致，都存在明显的峰值点。根据粘结强度计算结果，粘结强度主要影响因素有：

1. 钢纤维掺量

T3、T6 与 T8 系列，每系列 4 组试件的钢纤维掺量依次为 0、40 kg、60 kg 与 80 kg，由图 3-10（a）、（b）、（c）可以看出，钢纤维掺量对各试件粘结强度-滑移曲线整体变化趋势没有影响，仅曲线线性段斜率略有差异，随着钢纤维掺量的增加，斜率稍微减小，表明粘结滑移刚度有所降低。但钢纤维的掺量对试件极限粘结强度有明显影响，如图 3-11 所示，三种不同钢管类型试件界面极限粘结强度均随钢纤维掺量的增加呈现下降的趋势。由于钢纤维的掺加会抑制微膨胀混凝土的膨胀变形，核心混凝土对钢管壁的法向应力减弱，界面摩擦力减小，导致粘结滑移刚度减小，界面粘结强度降低，界面粘结性能下降。

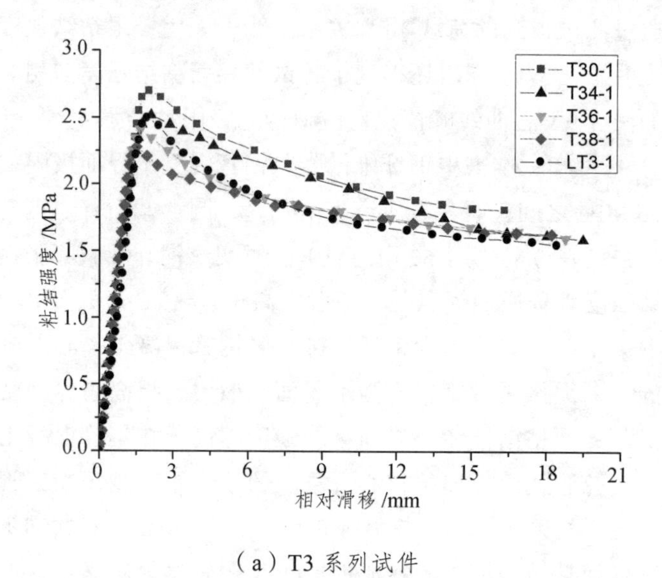

（a）T3 系列试件

（b）T8 系列试件

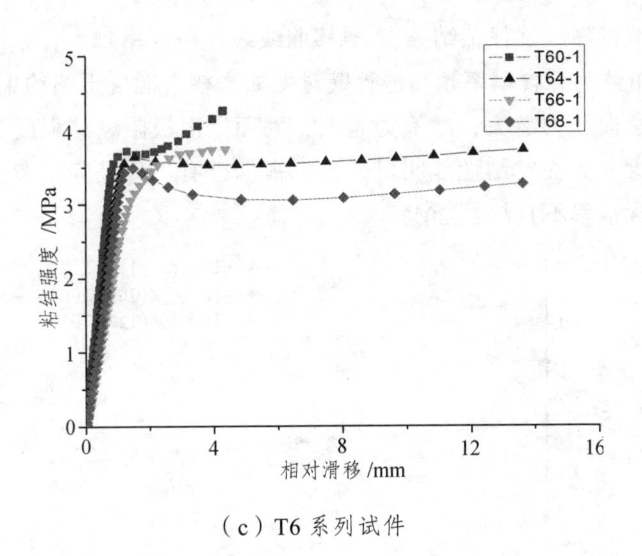

（c）T6 系列试件

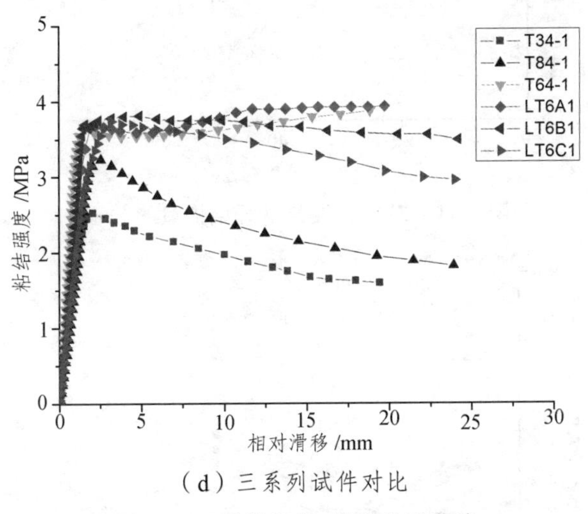

（d）三系列试件对比

图 3-10　粘结强度-滑移关系曲线

2. 含钢率

T3、T8 与 T6 系列试件的含钢率分别为 8.55%、17.74%与 21.75%，图 3-10（d）对比了三种系列试件典型的粘结强度与滑移量的关系，界面极限粘结强度随含钢率的变化关系如图 3-12 所示。可以发现，随含钢率增加，试件界面极限粘结强度增加，且含钢率越高，钢纤维掺量对界面粘结强度影响逐渐减弱。另外，从图 3-10（d）还可以看出，核心混凝土配合比一致时，含钢率越高，试件粘结强度-滑移曲线线性段斜率越大，粘结滑移刚度越大。分析认为，含钢率越高，管壁对微膨胀核心混凝土的约束能力越强，二者间的法向压力越大，摩擦力越大，因而界面极限粘结强度提高，粘结滑移刚度大，界面粘结性能明显改善。根据已有工程经验，考虑经济性因素，建议含钢率不宜超过 20%。

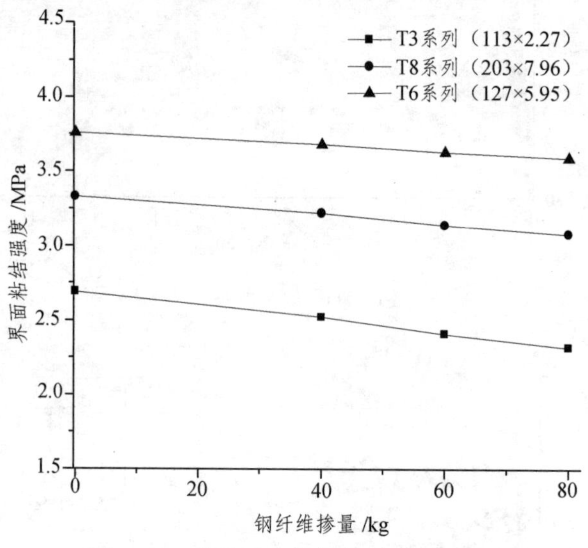

图 3-11　粘结强度与钢纤维掺量的关系

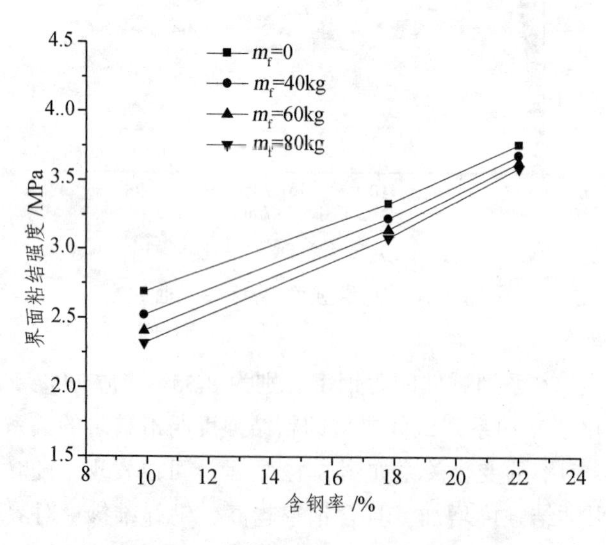

图 3-12　粘结强度与含钢率的关系

3. 界面长度

T3 系列（113×2.27 mm，A_s=8.55%）与 T6 系列（127×5.95 mm，A_s=21.75%）试件与其同类型的长试件界面粘结强度对比如图 3-13。T6 系列 T64 组试件长度为 350 mm，LT6 系列 3 组试件长度分别为 450 mm、550 mm 与 650 mm，4 组试件核心混凝土完全一致，由表 3-1 可知，4 组试件界面粘结强度分别为 3.68 MPa、3.69 MPa、3.68 MPa 与 3.71 MPa，随界面长度增加，试件界面粘结强度变化不明显。T34 组试件长度为 300 mm，LT3 组试件长度为 350 mm，两组试件核心混凝土与钢管类型一致，界面粘结强度分别为 2.52 MPa 与 2.51 MPa。可见，两种类型试件，界面长度与界面粘结强度均无直接关系。主要由于钢管对核心混凝土的径向约束以及轴向上管壁粗糙程度相同，同类型不同长度试件核心混凝土与管壁接触状态边界条件基本一致，因而界面长度对界面粘结强度影响不明显。

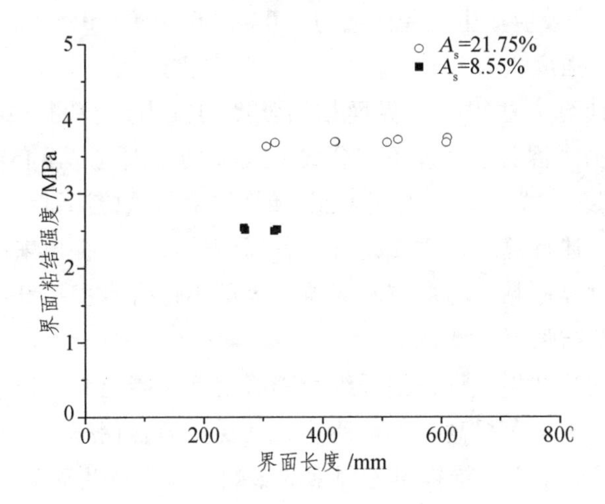

图 3-13　界面粘结强度与界面长度关系

3.3.6　界面极限粘结强度计算方法

钢管混凝土的界面粘结组成比较复杂，对于极限粘结强度的计算目前尚无统一的计算方法，各国设计规范中也没有明确的规定，部分研究者根据自己的研究成果提出了一些经验公式：

Roeder C W [56]主要考虑径厚比的影响，提出：

$$\tau_{\mathrm{u}} = 2.314 - 0.0195\, d/t \tag{3-1}$$

式中：d 为钢管内径；t 为钢管壁厚。

蔡绍怀[5]认为界面粘结强度与混凝土抗压强度有较好相关性，给出经验公式：

$$\tau_{\mathrm{u}} = 0.1(f_{\mathrm{cu}})^{0.4} \tag{3-2}$$

式中：f_{cu} 为混凝土抗压强度。

另外，Chang X[60]研究了以膨胀水泥取代普通水泥形成膨胀效应增强钢管混凝土的界面粘结强度，并在公式（3-2）的基础上，考虑膨胀应力的有利影响，提出微膨胀钢管混凝土界面粘结强度计算公式：

$$f_{\mathrm{b}} = 0.1 f_{\mathrm{c}}^{\,0.44} \times \left[1 + 9.2 \times (q / f_{\mathrm{c}})^{0.62}\right] \tag{3-3}$$

式中，q 为膨胀效应产生的径向应力（$0 \leqslant q \leqslant 6$ MPa，$35 \leqslant f_{\mathrm{c}} \leqslant 50$ MPa），f_{c} 为混凝土抗压强度。

按上述计算方法得到的界面粘结强度与推出试验测试结果对比如表 3-4（注：本书中混凝土强度不在公式（3-3）的范围内，没有对该式进行计算）。由表可见，式（3-1）与（3-2）计算结果与试验测试结果相差甚远，主要是由于上述计算方法主要是针对普通钢管混凝土提出来的，没有考虑混凝土膨胀对界面粘结力的有利影响，因此不适合本书钢纤维微膨胀钢管混凝土界面粘结强度计算。

从推出试验结果可见，钢纤维微膨胀钢管混凝土界面极限粘结强度较普通钢管混凝土显著提高。如前所述，其受截面含钢率、核心混凝土的膨胀效应、混凝土中钢纤维掺量等因素的影响。因此，以截面含钢率为基础，考虑钢纤维掺量与微膨胀效应，采用回归分析法得到如下计算公式：

$$\tau_{\mathrm{u}} = k_v(1.8665 + 8.7244 \times \alpha - 0.0033 \times m_f) \tag{3-4}$$

式中：k_v 为膨胀效应影响系数，$k_v = \Delta v / 2.5 \times 10^{-4}$，$\Delta v$ 为混凝土限制膨胀率；α 为截面含钢率；m_f 为每方混凝土中钢纤维掺量，单位 kg。

按式（3-4）计算的界面粘结强度与测试结果如表 3-4，可见结算结果与测试结果吻合较好，该计算方法可对钢纤维微膨胀钢管混凝土界面粘结强度进行较好预测。

表 3-4 界面粘结强度值对比

$D×T×L$ /mm	α	D/T	钢纤维/kg	f_c /MPa	试验值 /MPa	计算值/MPa		
						式（3-1）	式（3-2）	式（3-4）
113×2.27×300	8.55%	49.8	0	76.6	2.69	1.34	0.57	2.61
			40	80.3	2.52	1.34	0.58	2.48
			60	83.3	2.41	1.34	0.59	2.41
			80	79.8	2.32	1.34	0.58	2.35
203×7.96×500	17.74%	25.5	0	76.6	3.33	1.82	0.57	3.41
			40	80.3	3.22	1.82	0.58	3.28
			60	83.3	3.14	1.82	0.59	3.22
			80	79.8	3.08	1.82	0.58	3.15
127×5.95×350	21.75%	21.3	0	76.6	3.76	1.90	0.57	3.76
			40	80.3	3.68	1.90	0.58	3.63
			60	83.3	3.63	1.90	0.59	3.57
			80	79.8	3.59	1.90	0.58	3.50

3.4 本章小结

通过 32 个钢纤维微膨胀钢管混凝土试件的推出试验，探讨了其核心混凝土与管壁的界面粘结破坏过程与失效模式，并对试件界面粘结强度及其影响因素、混凝土推出过程中管壁的应变分布与发展状况进行了研究，结论如下：

（1）钢纤维微膨胀钢管混凝土界面粘结力组成与普通钢管混凝土相似，界面粘结破坏模式也一致，始于端部并逐渐向中间部位转移。钢纤维微膨胀钢管混凝土荷载-滑移全过程关系曲线可以简化成两种模型，两类模型均由四个特征明显的阶段组成，且均存在峰值点，模型一峰值点后曲线呈现持续下降，模型二峰值点后曲线先下降然后开始上升。

（2）混凝土膨胀率影响钢管与混凝土的界面粘结强度，随混凝土膨胀率增加，界面粘结强度增强；钢纤维限制混凝土膨胀变形，降低界面粘结强度，随掺量增加，界面粘结强度降低，其降低幅度逐渐减小，但界面粘结强度较相同强度等级无膨胀应力的普通钢管混凝土约提高 1 ~ 3 倍，截面组合性能提高。

（3）含钢率是钢纤维微膨胀钢管混凝土界面粘结性能的主要影响因素，含钢率增大，管壁对核心混凝土膨胀约束增强，界面粘结性能提高。

（4）界面粘结力沿钢管轴向均匀分布，界面长度对界面粘结强度影响不明显。

（5）考虑截面含钢率、钢纤维掺量以及核心混凝土的微膨胀效应，提出了钢纤维微膨胀钢管混凝土界面粘结强度计算公式。

第4章　钢纤维微膨胀钢管混凝土轴拉性能研究

4.1 引　言

钢管混凝土一般不作为轴拉构件单独使用，其主要存在于钢管混凝土桁架梁式结构体系中。目前关于钢管混凝土轴拉力学行为研究不多[73-77]，尤其是相关的试验研究报道较少。当钢管混凝土承受轴向拉力时，钢管纵向伸长而径向缩小，核心混凝的存在可阻止钢管的径向变形，从而提高其截面径向刚度。因而，在受拉钢管混凝土中，钢管处于纵向与环向受拉、径向受压三向应力状态，由于径向应力相对较小而可忽略，可认为其处于纵向与环向双向受拉应力状态；管内混凝土，由于其抗拉强度不高，在较低应力时即出现开裂，其处于环向与径向受压双向应力状态，对构件的轴拉承载力贡献有限[6]。为改善钢管混凝土的受拉承载力，可在核心混凝土中掺加钢纤维，钢纤维能限制混凝土微裂纹的产生和扩展，分散混凝土裂缝处应力，显著提高混凝土的劈裂抗拉与抗折强度，从而提高钢管混凝土构件的轴拉性能。因此，研究了解钢纤维微膨胀钢管混凝土的轴拉力学行为，有利于其在钢管混凝土桁架梁式结构中更好地应用。

为此，本章开展了钢纤维微膨胀钢管混凝土的轴拉力学性能试验研究，以了解其轴拉变形特征、破坏形态与承载力及其影响因素，同时将试验结果与现有标准规程计算结果进行对比，并提出了适合于钢纤维微膨胀钢管混凝土构件轴拉极限承载力的适用计算方法，为轴拉钢管混凝土构件设计提供参考，同时也为分析探讨钢管混凝土桁架梁式结构力学性能提供基础。

4.2 试验概况

4.2.1 试件设计

受拉钢管混凝土常见于桁架梁式结构中，构件长细比较大，且钢管混凝土桁架梁式结构下弦管在节点处是贯通的，节点处弦管节点力主要由管壁通过界面粘结传递给管内混凝土使混凝土与管壁一起共同工作，因而在节点区域以外的弦杆，受荷一开始钢管与核心混凝土就共同受力。目前钢管混凝土轴拉试验研究较少，已有文献中所进行的轴拉试验荷载直接加载在钢管或者施加在与钢管相连的盖板上[74,76]，通过钢管与管壁界面粘结力将部分荷载传递至核心混凝土，且试件长细比小，不完全符合钢管混凝土桁架下弦杆受拉力学性能特征。为此，本书结合加载装置技术参数，对受拉钢管混凝土试件进行了专门设计。使加载力同时作用在钢管与核心混凝土上，二者在受荷一开始就共同工作。

钢管混凝土受拉试件详细构造如图 4-1, 试件轴拉荷载传力板由一块主板（A 板）与两块构造板（B 板）组成，B 板对称焊接在 A 板两侧呈“十字形”镶嵌在主管内。且 B 板底面比 A 板底面缩进 30 mm，以避免“十字形”加载端底面与试件相交截面应力集中。在 A 板上靠底端预留两个直径 30 mm 的圆孔让混凝土贯穿，使 A 板与混凝土间形成“拴销”，便于混凝土受力。

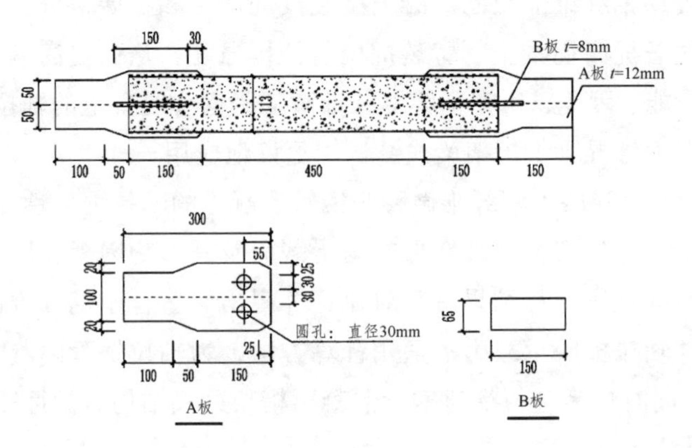

图 4-1　钢管混凝土轴拉试件构造图

试验测试时，A 板上施加轴向拉力，荷载通过 A 板与 B 板传递给钢管，并由 A 板与混凝土之间的"拴销"以及 A、B 板与混凝土的粘结作用将荷载直接传递给混凝土，从而在开始加载时混凝土与钢管就是应变连续的、共同工作。

4.2.2　试验设计

主管包括两种类型，管径与壁厚（$D \times T$）分别为 113 mm×1.64 mm 与 113 mm×2.27 mm，记为 L2 与 L3，钢材力学性能测试方法与第 3.2.2 节中一致。L3 类钢管混凝土试件核心混凝土按表 3-3 中的 4 组配合比制备，根据钢纤维掺量不同（0、40 kg、60 kg 与 80 kg）分为 4 个系列，记为 L30、L34、L36 与 L38，以研究核心混凝土中钢纤维掺量对构件力学性能的影响；L2 类钢管混凝土试件核心混凝土采用表 3-3 中的 A1 组（钢纤维掺量 40 kg）配合比，记为 L24 系列，以与 L34 系列试件对比，分析含钢率对轴拉承载力的影响。两类试件均制作了相应的空钢管试件，称空钢管系列，记为 HL2 与 HL3，每系列 2 个试件，与钢管混凝土试件进行对比分析。共 26 个试件，试件详细特征参数如表 4-1。

表 4-1　轴拉试验试件特征参数

编号	主管尺寸		数量	配合比	α	f_y /MPa	f_{cu} /MPa	ξ
	$D \times T$/mm	主管类型						
HL2-1 ~ 2	113×1.64	HS	2	—	—	286.77	—	—
L24-1 ~ 5	113×1.64	SE-CFST	5	A1	6.07%	286.77	80.3	0.319
HL3-1 ~ 2	113×2.27	HS	2	—	—	336.05	—	—
L30-1 ~ 3	113×2.27	CFST	3	A0	8.55%	336.05	76.6	0.551
L34-1 ~ 10	113×2.27	SE-CFST	10	A1	8.55%	336.05	80.3	0.526
L36-1 ~ 2	113×2.27	SE-CFST	2	A2	8.55%	336.05	83.3	0.507
L38-1 ~ 2	113×2.27	SE-CFST	2	A3	8.55%	336.05	79.8	0.529

注：试件编号前三个字符为试件系列号，短横线后数字表示试件序号，主管类型"HS"指空钢管、"CFST"指普通钢管混凝土、"SE-CFST"指钢纤维微膨胀钢管混凝土。如"L34-1"指 L34 系列的第 1 个试件（钢管壁厚 2.27 mm，灌注钢纤维微膨胀混凝土，钢纤维掺量为 40 kg）。

4.2.3 试件制作与成型

试件加载端传力板为异性钢板，主要采用割枪切割成规定尺寸，并将边角打磨光滑，再按设计要求焊接成“十字形”形状。主管钢管采用切割机加工成规定的长度，保证端面平整且与主管轴线垂直，然后将两端切割出与“十字形”传力板匹配的切口，将“十字形”传力板嵌入主管并焊接成整体。“十字形”传力板安装前先找准并标明 A 板的中心线，焊接过程中保证板其轴线与主管轴线重合，且主管上下两端的 A 板在同一平面内，以免加载时出现偏心受拉或扭转。

灌注混凝土前，将试件一端“十字形”传力板与主管之间的 4 个四分之一圆孔用小钢板点焊封口，然后将封口端朝下，从顶端的 4 个四分之一圆孔往管内分层填充混凝土，并用木棒在钢管外壁敲打以使管内混凝土密实。混凝土灌注完毕后，将管壁清理干净并将灌注端用塑料膜包扎密封养护。

4.2.4 仪器设备与测试方法

采用 100 吨万能液压伺服拉力试验机（如图 4-2）进行加载，仪器可自动监测与记录加载力与试件整体变形。试件“十字形”传力板之间对称布置两个位移传感器，测试试件中间段钢管混凝土部分的拉伸变形，以消除传力板变形的影响。试件中截面钢管外壁每隔 90°粘结一对纵、环向的应变片测试管壁的应变发展过程，应变与位移数据由 JM3812 静态电阻应变仪记录采集，并由控制程序实时绘制出荷载-拉伸变形曲线，测试示意图与传感器布置方式如图 4-3。

试验前先施加 10 kN 的荷载进行预加载，使夹具与试件接触紧密，并检查仪器仪表工作状况。特别注意对称位置的位移计和应变片读数是否相近，否则应调整试件重新对中直至读数差异在 5%以内，以保证试件轴心加载。

正式加载采用力与位移的双控模式。加载初期采用力控制，分级加载，弹性阶段每级荷载取预计极限荷载的 1/10，荷载-拉伸变形曲线出现非线性特征后每级荷载取预计极限荷载的 1/15，每级荷载持荷 1 min 以观察试件表面状况。试件进入明显屈服阶段后转换成位移控制，连续慢速加载至钢管开裂，停机卸载，观察试件破坏过程与最终破坏模式。

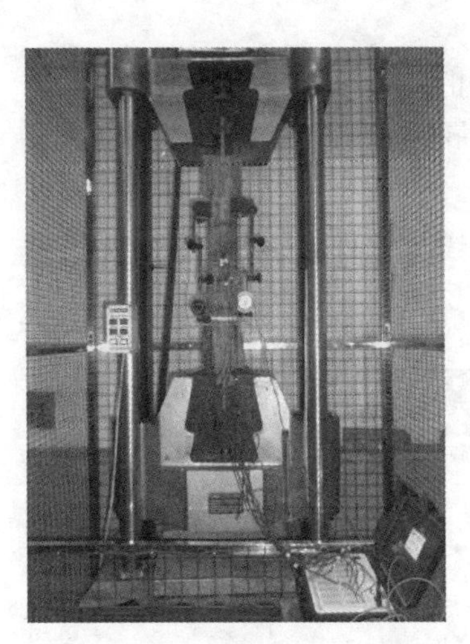

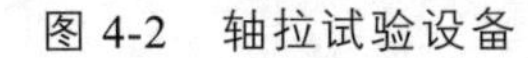

图 4-2　轴拉试验设备

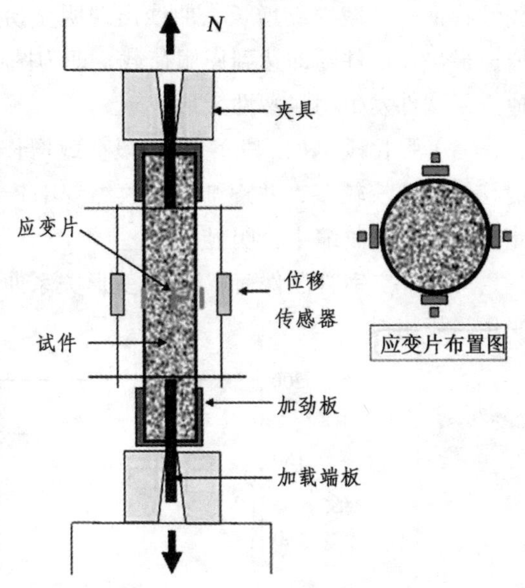

图 4-3　轴拉试验示意图

4.3　结果分析与讨论

4.3.1　试验过程与破坏形态

4.3.1.1　破坏过程

在整个加载过程中，钢管混凝土试件与空钢管试件受拉变形特征有明显差异，以试件 L24-1 和 HL2-1 为代表描述两类试件轴拉破坏过程。图 4-4 为试件典型荷载-拉伸变形全过程曲线，可见两类试件拉伸破坏过程均可分为三个阶段。

1. 空钢管试件

（1）弹性段（*OA* 段）：加载初期，钢管表面无明显变化，荷载快速增加而变形变化缓慢，曲线呈线性增长，到达 *A* 点时，荷载约为极限荷载的 85%，此时钢管表面颜色开始变深，试件即将发生塑性变形。

（2）屈服段（*AB* 段）：过了 *A* 点后，曲线逐渐偏离直线增长，呈现非线性特征；荷载继续增长，曲线出现明显拐点，荷载增加十分缓慢而变形增速很快，试件随即达到屈服荷载，即为图中 B 点，钢管外壁开始起皮、掉渣，试件发生明显塑性变形。

（3）强化段（BC 段）：该阶段荷载增长稍有增加，变形仍快速增长，钢管外壁掉渣较多，并逐渐径向收缩变细；最后因管壁开裂而停机卸载，此时钢管径向收缩十分明显。

可见，空钢管试件荷载-拉伸变形关系曲线与钢材的应力应变关系曲线变化趋势相似。

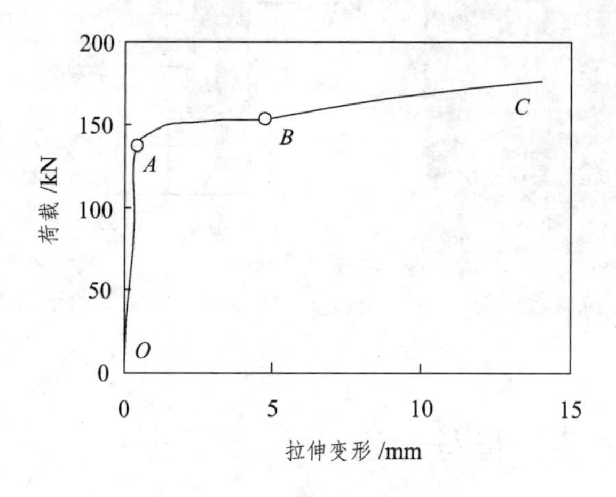

（a）空钢管试件—HL2-1

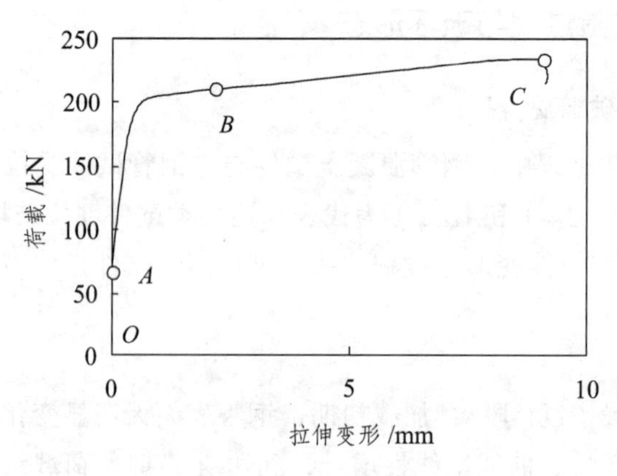

（b）钢管混凝土试件—L24-1

图 4-4　荷载-拉伸变形关系曲线

2. 钢管混凝土试件

（1）弹性段（*OA* 段）：加载初期，荷载-变形曲线呈线性增长，钢管与核心混凝土共同工作，二者均处在弹性阶段；但达到 *A* 点（占屈服荷载的 30%左右）时，混凝土初裂，曲线出现转折，此时钢管表面完整。

（2）弹塑性段（*AB* 段）：混凝土开裂，钢管混凝土组合材料整体已进入弹塑性阶段，荷载主要由钢管承担。该阶段初期，曲线仍呈近线性增长；当荷载达屈服荷载的 90%左右时，钢管开始发生塑性变形，曲线出现第二个拐点。过了第二个拐点后荷载增长缓慢而变形迅速增长，并能听到管内混凝土脆断声响，管壁颜色变深，钢管已进入屈服阶段，试件达到屈服荷载，即图中 *B* 点。

（3）强化段（*BC* 段）：荷载增速略有提高而拉伸变形变化仍较快发展，混凝土开裂声响持续不断，但钢管表面破坏特征不明显，开裂前在断口处管壁局部有起皮、掉渣现象，达到 *C* 点时管壁开裂而停止加载。

无论是空钢管试件还是钢管混凝土试件都是因钢管开裂而停止加载，试件均表现出很好的延性性能。

4.3.1.2　整体破坏形态

试件典型破坏形态如图 4-5 所示，空钢管试件主要表现在焊接端头附近管壁拉裂，试件表面颜色变深，管径变小，在断口处径向收缩明显，而钢管混凝土试件仅在钢管断口处局部范围内管壁颜色变深，断口无收缩。试件开裂点位置包括三种类型：

（1）试件中部钢管拉裂（HL3-1、L34-1），如图 4-5（a）。

（2）焊接点拉裂（HL3-2、L30-1、L30-2、L34-6 ~ 7、L24-1 ~ 5），如图 4-5（b）。

（3）焊接点处钢管拉裂（HL2-1、HL2-3、L30-3、L34-2 ~ 5、L34-8 ~ 10、L36-1 ~ 2、L38-1 ~ 2），如图 4-5（c）。

试件破坏主要集中在主管与传力板连接处，少数试件在中间部位拉裂。由于试件“十字形”传力板与主管采用焊接连接，在焊接节点处容易形成应力集中，另外试件钢管壁较薄（T=1.64 mm 与 T=2.27 mm），特别是 L2 类试件，焊接质量难以控制。因而，试件破坏主要表现在焊接节点处或靠近焊接节点区域钢管拉裂。所以，钢管混凝土桁架结构中受拉杆件的壁厚不宜过薄，同时应十分注意节点受拉区域的焊接质量，焊缝应打磨光滑减小应力集中程度。

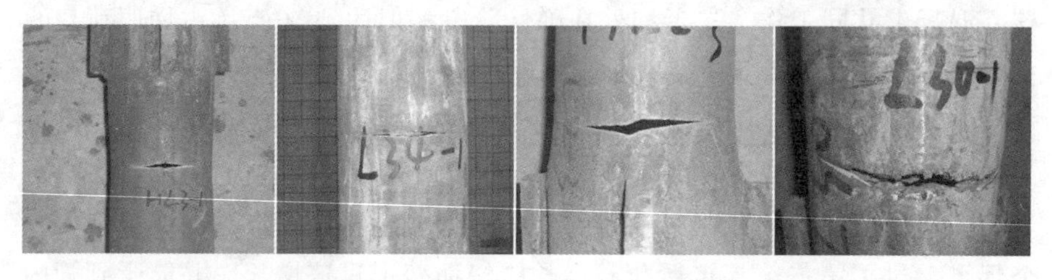

（a）中部开裂　　　　　　　　（b）端口焊点开裂

（c）近端头开裂

图 4-5　轴拉试件破坏形态

4.3.1.3　混凝土破坏形态

为考察钢管混凝土轴拉破坏时管内混凝土破坏形态与裂缝分布规律，并研究钢纤维对混凝土裂缝分布形态的影响，从 L30 系列与 L34 系列中各取 2 个试件进行管壁切割，结果如图 4-6 所示。

（a）L30-1

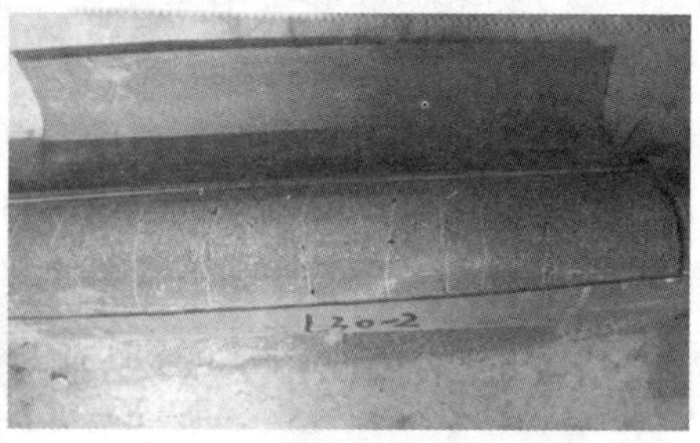

（b）L30-2

（c）L34-2

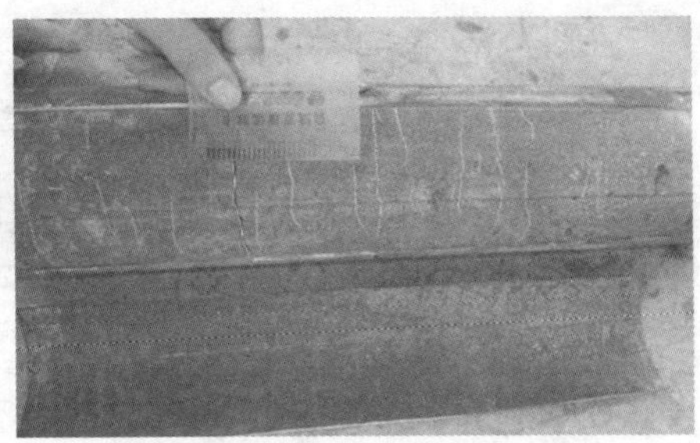

（d）L34-4

图 4-6　管内混凝土破坏形态

由图可见，4 个试件混凝土均填充密实、饱满，在管壁开裂处混凝土严重开裂，断面密实，管壁未开裂部位混凝土裂缝也较明显。图 4-6（a）与（b）中未掺钢纤维的 L30-1 与 L30-2，管内混凝土裂缝为较宽的贯通缝，数量少。而图 4-6（c）与（d）中掺有钢纤维的试件 L34-2 与 L34-4，混凝土表面裂缝密集，且多为“细丝”缝，贯通裂缝较少。主要因为钢纤维在混凝土中形成的网络结构起“劲性骨架”的作用，能抑制裂缝的扩展，分散破坏面应力，阻止贯通缝的形成并减小裂缝宽度，避免混凝土沿主裂缝面持续破坏，从而可为管壁径向变形提供稳定均匀的支撑约束，增强截面径向刚度。

4.3.2　荷载-拉伸变形关系

钢管混凝土构件荷载-拉伸变形全过程曲线如图 4-7 所示。由于钢纤维掺量增加对钢管混凝土试件荷载-拉伸变形关系曲线变化趋势影响不明显，故只列出了钢纤维掺量为 40 kg 试件荷载-拉伸变形关系曲线，并与不掺钢纤维试件以及空钢管试件进行对比。

由图可以看出，钢管混凝土试件与空钢管试件荷载-拉伸变形关系曲线主要区别在于：① 钢管混凝土试件荷载-拉伸变形曲线在荷载较低时有一明显的初始拐点（如图 4-7 中局部放大图所示），即混凝土初裂点，曲线在该点之前线性段曲线斜率较空钢管试件有大幅提高，该点之后的线性段斜率与空钢管试件弹性阶段斜率接近；② 钢管混凝土试件整体屈服后曲线变化趋势与空钢管试件一致，但屈服荷载与极限荷载较空钢管试件均有提高。

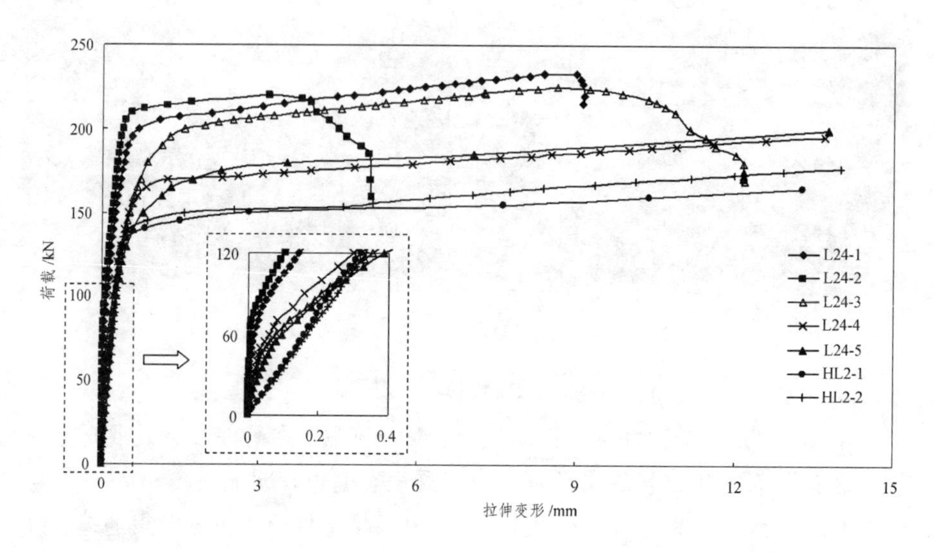

（a）L2 类试件

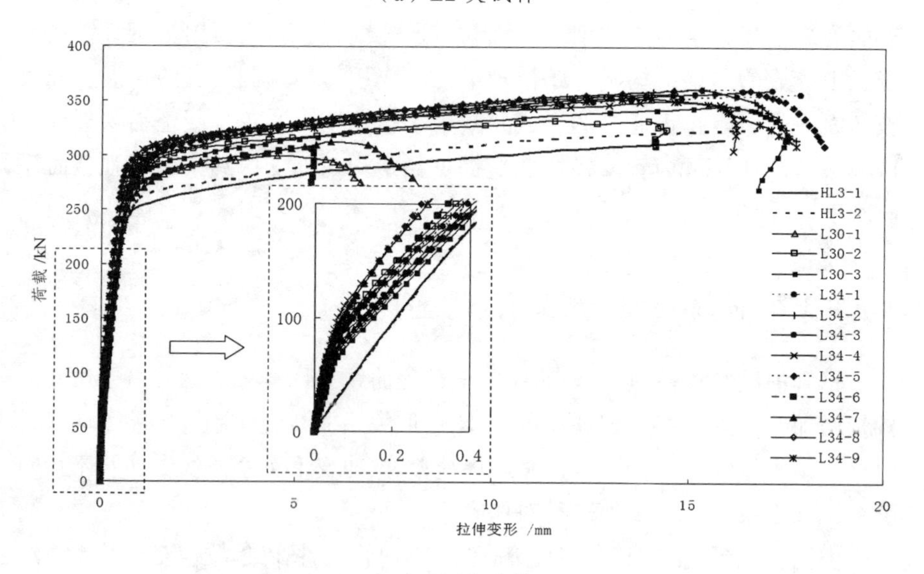

（b）L3 类试件

图 4-7 荷载-拉伸变形全过程曲线

钢管混凝土试件在加载初始阶段管内混凝土与管壁一起参与受拉，混凝土承担一部分荷载，试件整体纵向刚度较空钢管试件大，因而其弹性段斜率比空钢管试件高。当荷载达到混凝土抗拉强度后，混凝土随即开裂，试件整体纵向刚度减弱，钢管的变形突增而在曲线上形成初始拐点，原来由混凝土承担的荷载转移给钢管。但此时荷载水平较低，约为试件屈服荷载的 30%，且不超过空钢管屈服荷载的 40%，因此钢管仍处于弹性工作阶段，荷载-变形曲线仍呈线性增长。混凝土逐渐开裂，荷载主要由钢管承担，试件纵向刚度逐渐与空钢管接近，到钢管开始屈服后，混凝土裂缝已接近形成贯通缝，荷载全部由钢管承担，因而进入屈服阶段后两类试件曲线增长趋势基本一致。虽然在加载过程中核心混凝土开裂而在纵向上逐渐退出工作，但其填充效应有效限制了管壁径向收缩，使管壁处于双向受拉，因而试件屈服强度与极限强度较空钢管有所提高。

4.3.3　荷载-应变关系

选取部分钢管混凝土试件与对应的空钢管试件测试了轴拉过程中管壁的应变发展过程，结果如图 4-8 所示，图中钢管纵、环向应变值均为 4 个应变片测值的均值。由图可知，空钢管试件与钢管混凝土试件在轴拉荷载作用下钢管纵、环向应变发展差异明显，灌注混凝土后试件的屈服荷载明显提高。

图 4-8（a）与（c）为各试件荷载-纵向应变关系曲线。可见，荷载-纵向应变曲线在混凝土初裂后出现明显转折，随后曲线进入线性增长，切线斜率与空钢管试件弹性段斜率相近；荷载继续增加，接近屈服荷载的 90%左右时，曲线出现第二次转折，此后纵向应变变化很快而荷载增加很慢。由于管内混凝土的约束作用，钢管混凝土试件的管壁处于双向受拉，其屈服应变较空钢管试件屈服应变有所提高。L2 类钢管混凝土试件 L24-2、L24-2 钢管屈服应变为 1 827 με 与 2 007 με，对应的空钢管试件 HL2-2 屈服应变为 1 680 με；同样，L3 类钢管混凝土试件 L30-1、L34-4、L34-5 与 L34-6 钢管屈服应变分别为 1 831 με、2 093 με、1 968 μ 与 1 835 με，对应的空钢管试件 HL3-2 屈服应变为 1 784 με。可见，截面含钢率与钢材屈服强度较低时，管内灌注混凝土后其钢管纵向屈服应变提高幅度更大。另外，还可以发现，相同荷载值对应的空钢管试件纵向应变较钢管混凝土试件大，表明钢管混凝土试件纵向刚度较空钢管试件提高。

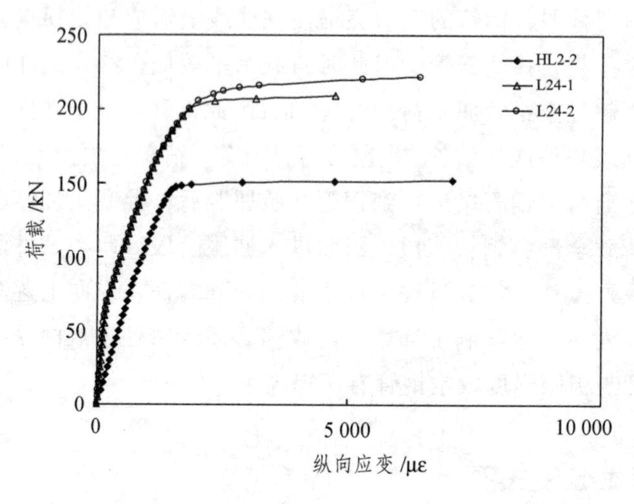

（a）T=1.64 mm 试件荷载-纵向应变关系

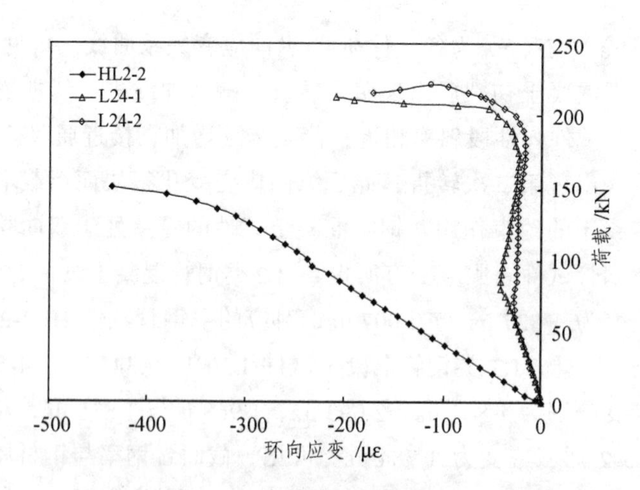

（b）T=1.64 mm 试件荷载-环向应变关系

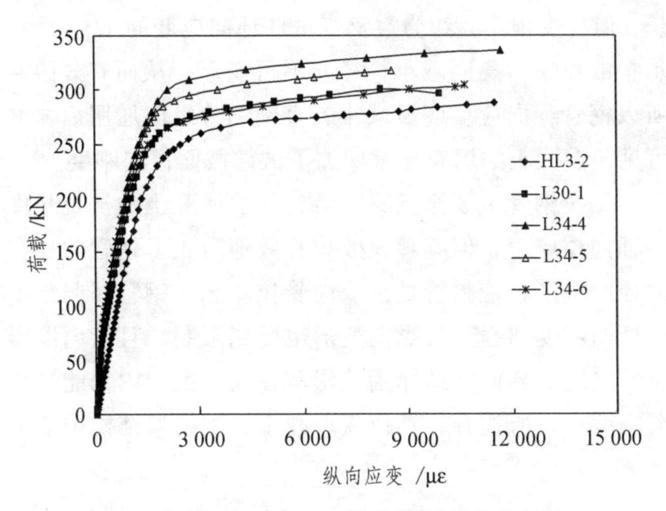

（c）T=2.27 mm 试件荷载-纵向应变关系

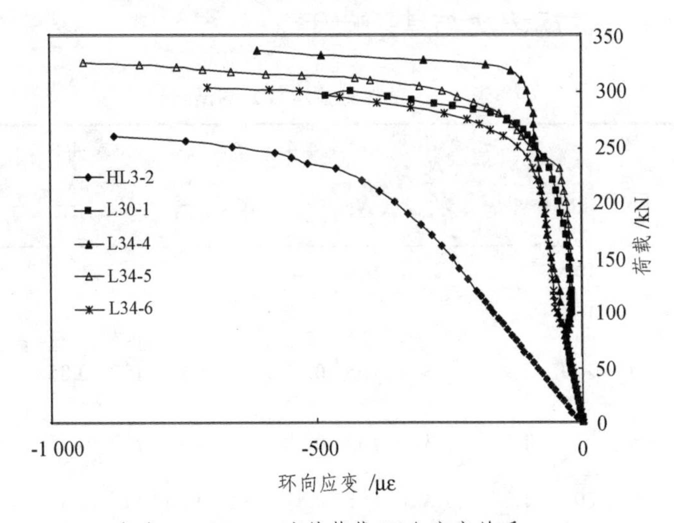

（d）T=2.27 mm 试件荷载-环向应变关系

图 4-8　荷载-应变关系曲线

图 4-8（b）与（d）为各试件荷载-环向应变关系曲线。可以看到，整个加载过程中各试件环向应变均较小，没有发生塑性应变。对于空钢管试件，其环向应变前期呈线性增加，直到钢管纵向屈服后环向应变出现拐点，此后荷载变化较小而环向应变快速发展。但对于钢管混凝土试件，在管内混凝土开裂前，钢管与混凝土整体共同受拉，由于泊松效应，试件环向应

变呈线性增长，但应变很小，约为空钢管试件环向应变的 1/5。管内混凝土开裂后，其承担的拉应力急剧减小，径向不再变形，从而有效限制钢管的径向收缩，所以钢管径向应变明显减小，直到钢管纵向屈服后才开始发生径向应变。可见，混凝土的填充显著增加了试件截面径向刚度。

试验表明，受拉钢管中填充混凝土后，虽然混凝土的抗拉强度较低而不能过多分配轴向拉应力，但其填充效应有效地阻止了钢管的径向收缩，增强了试件的径向刚度，使钢管处于双向受拉状态，钢管屈服强度得到提高。试件截面径向刚度增强，其纵向变形也受到限制，且管内混凝土断裂后由于其与管壁之间的界面粘结作用使得其在局部范围内仍能参与钢管受拉，因而纵向刚度也有所提升，轴拉变形减小，在桁架结构中整体变形将会减小。

4.3.4 轴拉承载力与其影响因素

表 4-2 试件轴拉承载力测试结果

试件编号	N_0^t /kN	N_y^t /kN	$\frac{N_y^t}{f_y A_s}$	$\frac{N_y^t}{N_{y\text{-HS}}^t}$	公式 4-4		公式 4-7		公式 4-8		断面特征
					N_c	$\frac{N_c}{N_y^t}$	N_c	$\frac{N_c}{N_y^t}$	N_c	$\frac{N_c}{N_y^t}$	
HL2-1	—	155	1	1	—	—	—	—	—	—	—
HL2-2	—	154									
L24-1	70	209	1.27	1.35	165	0.79	181	0.87	177	0.85	断面有孔洞、焊点较密实
L24-2	65	212	1.29	1.37	165	0.78	181	0.85	177	0.83	断面与焊点均较密实
L24-3	65	204	1.24	1.32	165	0.81	181	0.89	177	0.87	断面稍紧缩
L24-4	60	172	1.05	1.11	165	0.96	181	1.05	177	1.03	断面有紧缩
L24-5	60	175	1.06	1.13	165	0.94	181	1.03	177	1.01	端头有孔洞
HL3-1	—	268	1	1	—	—	—	—	—	—	—
HL3-2	—	272									
L30-1	60	286	1.08	1.06	265	0.93	292	1.02	283	0.99	断面密实、焊点有气孔

续表

试件编号	N_0^t /kN	N_y^t /kN	$\frac{N_y^t}{f_y A_s}$	$\frac{N_y^t}{N_{y\text{-HS}}^t}$	公式 4-4 N_c	公式 4-4 $\frac{N_c}{N_y^t}$	公式 4-7 N_c	公式 4-7 $\frac{N_c}{N_y^t}$	公式 4-8 N_c	公式 4-8 $\frac{N_c}{N_y^t}$	断面特征
L30-2	65	304	1.15	1.13	265	0.87	292	0.96	283	0.93	断面与焊点均较密实
L30-3	65	297	1.12	1.10	265	0.89	292	0.98	283	0.95	—
L34-1	75	313	1.18	1.16	265	0.85	292	0.93	283	0.90	—
L34-2	70	316	1.19	1.17	265	0.84	292	0.92	283	0.90	断面密实
L34-3	70	314	1.18	1.16	265	0.84	292	0.93	283	0.90	—
L34-4	80	312	1.18	1.16	265	0.85	292	0.94	283	0.91	断面密实
L34-5	75	314	1.18	1.17	265	0.84	292	0.92	283	0.90	—
L34-6	75	290	1.09	1.07	265	0.91	292	1.01	283	0.98	断面有孔洞、焊点锈蚀
L34-7	70	292	1.10	1.08	265	0.91	292	1.00	283	0.97	焊点锈蚀
L34-8	75	314	1.18	1.16	265	0.84	292	0.93	283	0.90	断面密实
L34-9	80	310	1.17	1.15	265	0.85	292	0.94	283	0.91	—
L34-10	75	315	1.18	1.16	265	0.84	292	0.93	283	0.90	—
L36-1	75	316	1.19	1.17	265	0.84	292	0.92	283	0.90	—
L36-2	80	318	1.20	1.18	265	0.83	292	0.92	283	0.89	—
L38-1	80	318	1.20	1.18	265	0.83	292	0.92	283	0.89	—
L38-2	80	317	1.19	1.17	265	0.83	292	0.92	283	0.89	—

各试件轴拉承载力测试结果如表 4-2 所示，表中同时还描述了试件断面特征。由测试结果可知，钢管混凝土轴拉承载力主要影响因素有：

1. 混凝土密实度与试件焊接质量对轴拉承载力影响

由表 4-2 可见，共有 5 个钢管混凝土试件（L24-4、L24-5、L30-1、L34-6、L34-7）承载力虽高于空钢管试件，但相比同类型其他试件明显偏小，且从试件最终破坏形态可以观察到，L24-4、L24-5 试件存在断面轻微紧缩现象，L30-1、L34-6 与 L34-7 试件管壁开裂处焊点存在明显的锈蚀或气孔。因此对这类试件选取典型代表（L24-5、L34-6）进行了管壁切割以观察管内混凝土的灌注质量，结果如图 4-9 所示，图中还列出了试件典型的焊接缺陷。

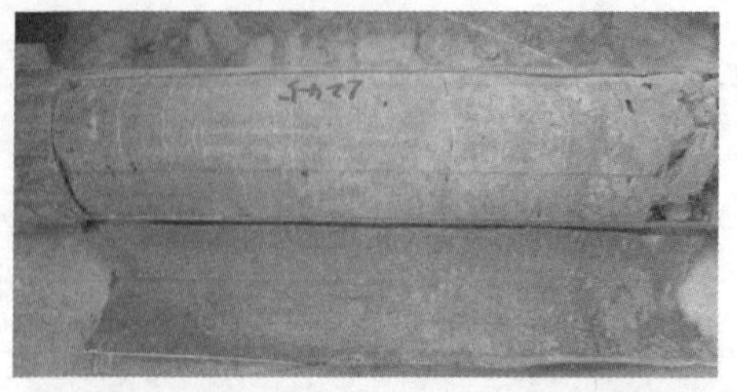

（a）混凝土质量缺陷：L24-5

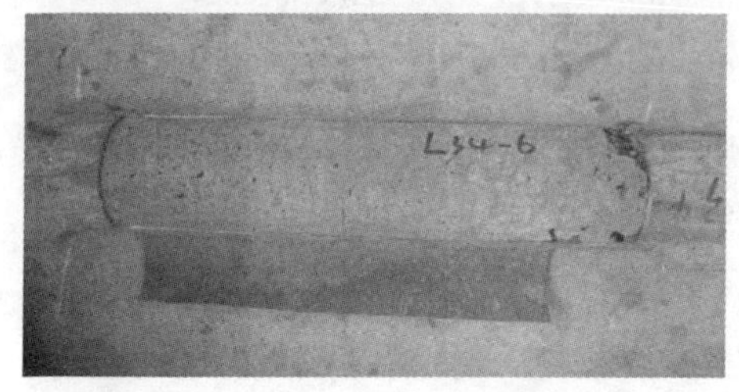

（b）混凝土质量缺陷：L34-6

（c）焊接缺陷：L30-1

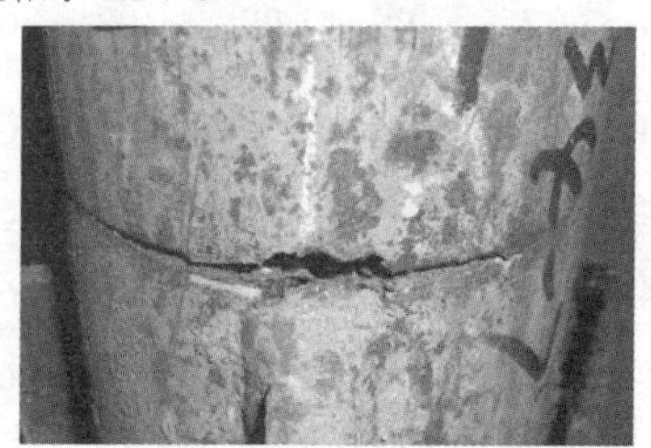

（d）焊接缺陷：L34-7

图 4-9　试件质量缺陷

从图 4-9 中可以看到，L24-5 与 L34-6 在端头焊接点处管内混凝土存在明显的孔洞，其他区域混凝土较密实且裂缝分布规律与图 4-6 中同类型试件相似；由图 4-6 还可以发现，L30-1 管内混凝土密实饱满，与 L30-2 相似，但其管壁断口处焊点有孔洞、且有明显锈蚀，如图 4-9（c），承载力较 L30-2 低。

由此可见，混凝土的填充密实度与节点焊接质量对构件轴拉承载力与变形性能有较大的影响。但从管内混凝土填充密实区域与管壁的粘结状况以及混凝土裂缝分布来看，该部分混凝土仍较充分的参与了管壁的受拉，并对管壁的径向变形有较好的限制，因而试件的承载力与刚度较空钢管试件仍有一定的提高，试件轴向拉伸时仅在混凝土不密实填充处有轻微紧缩。

2. 钢纤维掺加对轴拉承载力影响

L3 类钢管混凝土试件，L30、L34、L36 与 L38 系列试件混凝土初裂荷载和试件轴拉整体屈服荷载如图 4-10 与图 4-11 所示，图中荷载值为各试件测试结果均值，且不包括测试结果异常的 3 个试件。由图可见，钢纤维微膨胀钢管混凝土初裂荷载与屈服荷载均较不掺钢纤维试件提高，且初裂荷载提高较明显，屈服荷载幅度较小。钢纤维掺量 40 kg，60 kg 与 80 kg 时，初裂荷载分别提高 16.5%、19.2%与 23.1%；屈服荷载分别提高 4.3%、5.5%与 5.7%。

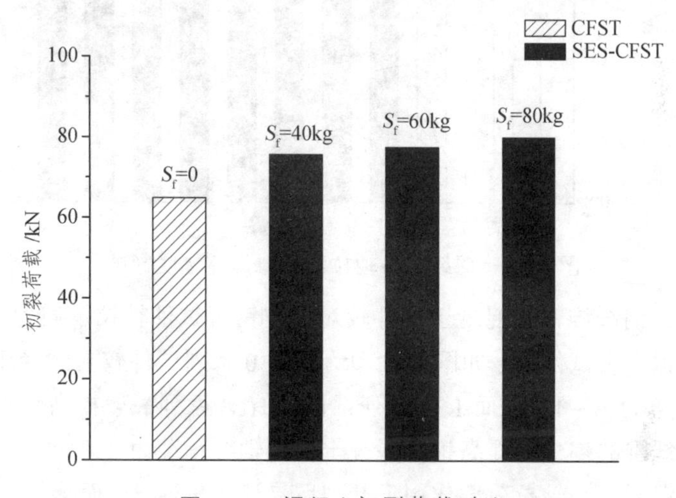

图 4-10　混凝土初裂荷载对比

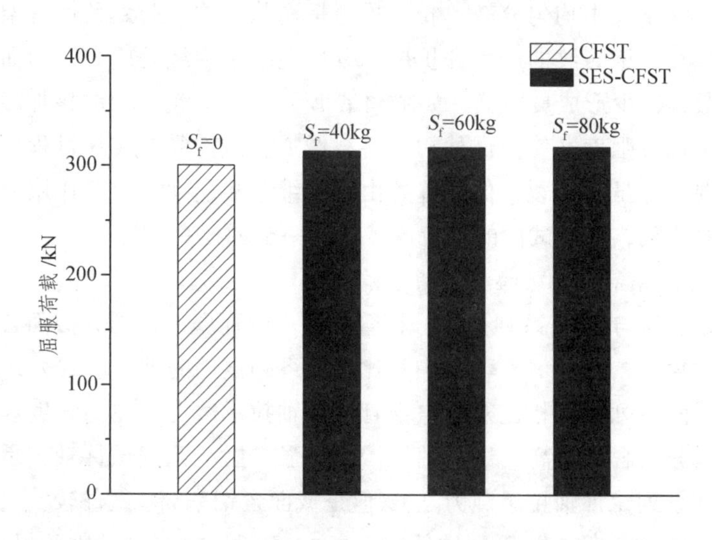

图 4-11　钢管混凝土试件屈服荷载对比

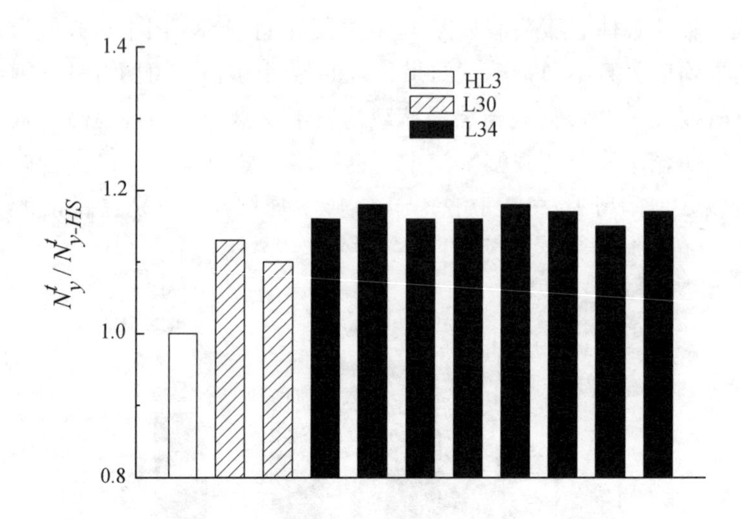

图 4-12　钢纤维对轴拉承载力提高幅度影响

此外，钢纤维钢管混凝土试件较对应空钢管试件轴拉承载力提高幅度也比不掺钢纤维试件大，如图 4-12 所示。L30 系列试件较 HL3 系列轴拉承载力约提高 11% ~ 13%，而 L34 系列试件较 HL3 系列一般提高 15% ~ 17%。可见，钢纤维的掺加能提高钢管混凝土构件轴拉承载力。

普通混凝土在轴拉荷载作用下开裂后易形成贯通缝，而掺加钢纤维后，钢纤维在混凝土中均匀分散，相互贯穿呈网状结构，起到劲性骨架作用，能限制混凝土微裂纹的产生和扩展，分散混凝土裂缝处应力，因而裂缝细小而分散，较少形成贯通缝，如图 4-6 所示。所以钢纤维的掺加显著提高了混凝土抗拉强度，使得试件初裂荷载增加。试件受拉破坏过程中，管内钢纤维混凝土虽然开裂，但裂缝处由钢纤维连接起“拴销”作用，仍能承担一定的荷载，从而试件的轴拉承载力有一定的提高。

3. 截面含钢率对轴拉承载力影响

L24 系列与 L34 系列试件，钢管外径一致而壁厚不同，截面含钢率分别为 6.07%与 8.55%，图 4-13 中对比了两系列试件的轴拉承载力，图 4-14 中分析了两系列试件相比对应空钢管试件轴拉承载力的提高程度。可以明显看到，截面含钢率高，试件轴拉承载力强，L24 系列试件轴拉承载力约只占 L34 系列试件轴拉承载力 2/3；但是截面含钢率高，试件较空钢管试件承载力提高幅度小，L24 系列试件约提高 35%，而 L34 系列试件约提高 16%。

结果表明，钢纤维微膨胀钢自密实管混凝土轴拉承载力与截面含钢率有较大关系，空钢管灌注混凝土后其轴拉承载力提高程度也受截面含钢率影响。主要因为核心混凝土抗拉强度低，在较低荷载时出现开裂，虽然在各个断裂节段内仍对轴拉承载力有贡献，但荷载主要由钢管承担，因此截面含钢对构件轴拉承载力影响较大。

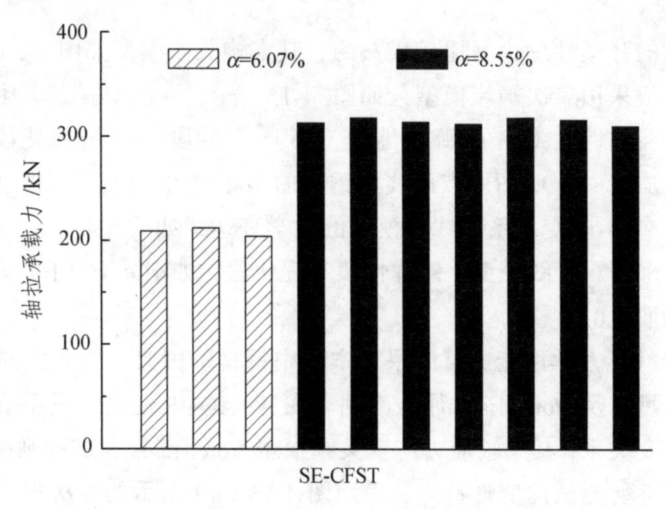

图 4-13　轴拉承载力与含钢率关系

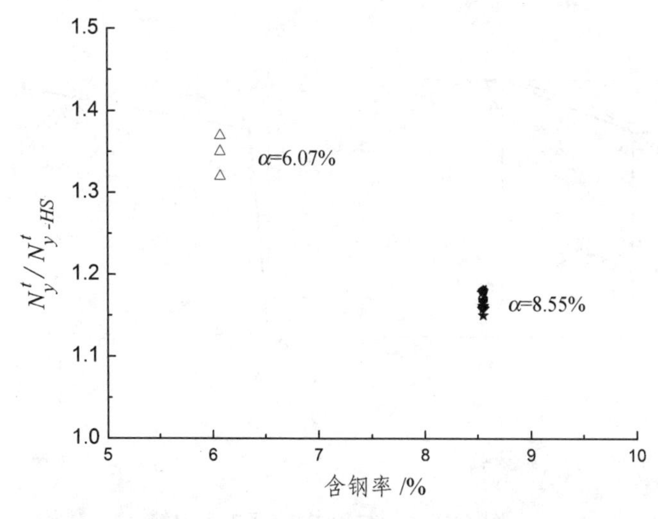

图 4-14　承载力提高幅度与含钢率关系

4.4 基于 ABAQUS 有限元模拟分析

4.4.1 材料本构关系模型

1. 钢　材

钢材的弹塑性理论是比较成熟的，其本构关系模型如图 4-14 所示[128]。低碳钢一般采用二次塑流模型，如图 4-15（a），该模型有五个比较明显的特征阶段：弹性段（oa）、弹塑性段（ab）、塑性段（bc）、强化段（cd）以及二次塑流段（de），图中点画线为钢材的实际应力-应变关系曲线，而实线为简化的应力-应变关系曲线，模型的数学表达式如式（4-1）。对于高强钢材，一般采用双折线模型，即弹性段和强化段，如图 4-15（b）所示，强化段的模量取 $0.01E_s$。

根据材料力学性能测试结果，本书中钢材采用典型的各向同性的弹塑性材料模型以及 Von Mises 屈服准则。在 ABAQUS 建模时只需给定钢材单轴应力应变关系，其三轴应力应变关系根据 Von Mises 屈服准则确定。根据钢材力学性能测试的变形特点，采用图 4-15（a）所示的二次塑流模型的单轴应力-应变关系。

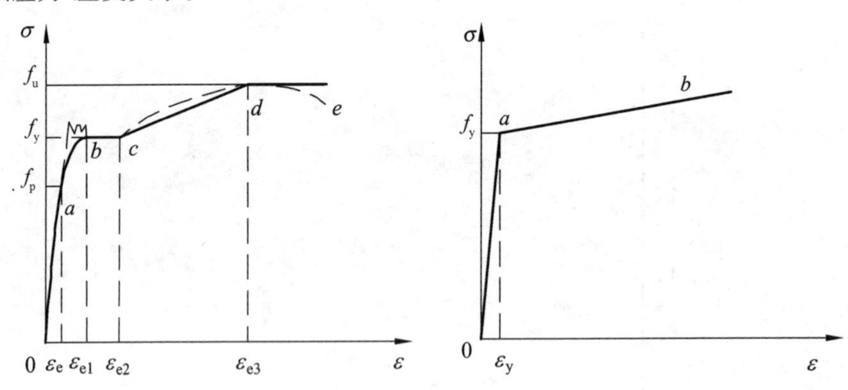

（a）低碳软钢　　　　（b）高强钢材

图 4-15　钢材应力-应变关系曲线

$$\sigma_s=\begin{cases} E_s\varepsilon_s & \varepsilon_s\leqslant\varepsilon_e \\ -A\varepsilon_s^2+B\varepsilon_s+c & \varepsilon_e<\varepsilon_s\leqslant\varepsilon_{e1} \\ f_y & \varepsilon_{e1}<\varepsilon_s\leqslant\varepsilon_{e2} \\ f_y[1+0.6\dfrac{\varepsilon_s-\varepsilon_{e2}}{\varepsilon_{e3}-\varepsilon_{e2}}] & \varepsilon_{e2}<\varepsilon_s\leqslant\varepsilon_{e3} \\ 1.6f_y & \varepsilon_s>\varepsilon_{e2} \end{cases} \qquad (4\text{-}1)$$

式中：$\varepsilon_e=0.8f_y/E_s$，$\varepsilon_{e1}=1.5\varepsilon_e$，$\varepsilon_{e2}=10\varepsilon_{e1}$，$\varepsilon_{e3}=100\varepsilon_{e1}$

$A=0.2f_y/(\varepsilon_{e1}-\varepsilon_e)^2$，$B=2A\varepsilon_{e1}$，$C=0.8f_y+A\varepsilon_e{}^2-B\varepsilon_e$

2. 混凝土本构模型

核心混凝土采用ABAQUS提供的塑性损伤模型，该模型适用于混凝土、陶瓷等脆性材料的模拟[129-130]。应力-应变关系采用文献[8]提出的适用于ABAQUS软件分析的混凝土单轴应力-应变关系，表达式如式（4-2）：

$$y=\begin{cases} 2\cdot x-x^2 & (x\leqslant1) \\ \dfrac{x}{\beta_0\cdot(x-1)^\eta+x} & (x>1) \end{cases} \qquad (4\text{-}2)$$

式中：

$$x=\frac{\varepsilon}{\varepsilon_0},\ y=\frac{\sigma}{\sigma_0},\ \sigma_0=f_c'$$

$$\varepsilon_0=\varepsilon_c+800\cdot\xi^{0.2}\cdot10^{-6}$$

$$\varepsilon_c=(1\,300+12.5\cdot f_c')\cdot10^{-6}$$

$$\eta=\begin{cases} 2 & \text{（圆钢管混凝土）} \\ 1.6+1.5/x & \text{（方、矩形钢管混凝土）} \end{cases}$$

$$\beta_0=\begin{cases} (2.36\times10^{-5})^{[0.25+(\xi-0.5)^7]}(f_c')^{0.5}\cdot0.5\geqslant0.12 & \text{（圆钢管混凝土）} \\ \dfrac{(f_c')^{0.1}}{1.2\sqrt{1+\xi}} & \text{（方、矩形钢管混凝土）} \end{cases}$$

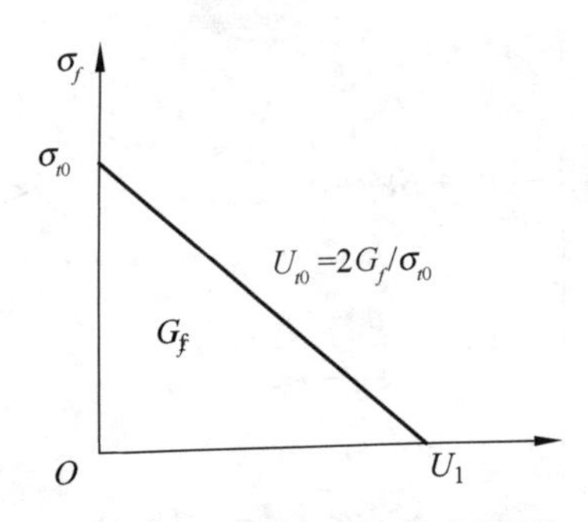

图 4-16　混凝土受拉软化模型

由于钢管混凝土承受轴向拉力，因此需要定义混凝土受拉软化性能。此处混凝土受拉软化效应采用 ABAQUS 提供的能量破坏准则来模拟，即应力-断裂能关系。采用该准则定义混凝土受拉软化效应在计算分析时具有很好的收敛性，其主要是基于脆性破坏概念定义开裂的单位面积作为材料参数。模型假定混凝土开裂后应力线性减小，如图 4-16 所示，图中 G_f 、σ_{t0} 分别为混凝土的断裂能（每单位面积内产生一条连续裂缝所需的能量值）和破坏应力。其中，当 f_c 为 20 MPa 时，破坏能 G_f 按 40 N/m 取值；当 f_c 为 40 MPa 时，破坏能 G_f 按 120 N/m 取值，其他值采用插值法计算。破坏应力 σ_{t0} 采用文献[131]建议的式（4-3）计算：

$$\sigma_{t0}=0.26\times(1.25f_c')^{2/3} \tag{4-3}$$

式中：f_c' 为混凝土圆柱体抗压强度（$f_c'=0.85f_{ck}$，f_{ck} 为混凝土立方体抗压强度）。

4.4.2　有限元模型的建立

1. 单元选取与网格划分

钢管壁厚较其他两方向尺寸小，一般采用壳单元模拟，但是根据文献[9]的建议，采用实体单元较壳单元定义接触简单，占用计算资源少，计算结果较满意，因此本书中钢管、加载端板与核心混凝土均采用八节点线性缩减积分格式的三维实体单元（C3D8R）。采用映射网格划分，如图 4-17 所示。

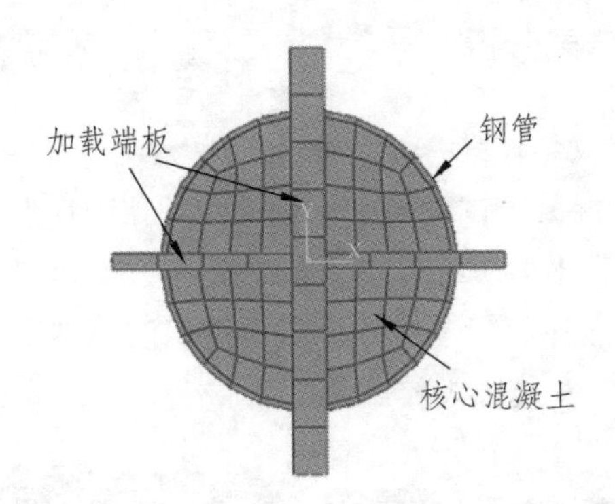

图 4-17　网格划分

2. 钢管与混凝土截面模型

加载端板间以及加载端板与钢管、加载端板与混凝土之间不考虑滑动，直接采用 tie 接触。而核心混凝土拉裂后与钢管之间可能产生滑移，钢管与混凝土的界面模型由界面的法向接触和切向的粘结滑移组成，采用接触单元来模拟。根据文献[8]的建议，钢管与混凝土法向的接触采用硬接触；切向力模拟采用库伦摩擦模型，摩擦系数取 0.6。钢管与核心混凝土的平均界面粘结力根据本书第 3 章的研究结论按下式确定：

$$\tau_u = k_v(1.866\,5+8.724\,4\times\alpha-0.003\,3\times m_f)$$

3. 边界条件

根据试验测试，模型边界条件取一端完全固结，另一端端板约束除 U3 外的所有自由度，有限元计算模型如图 4-18。

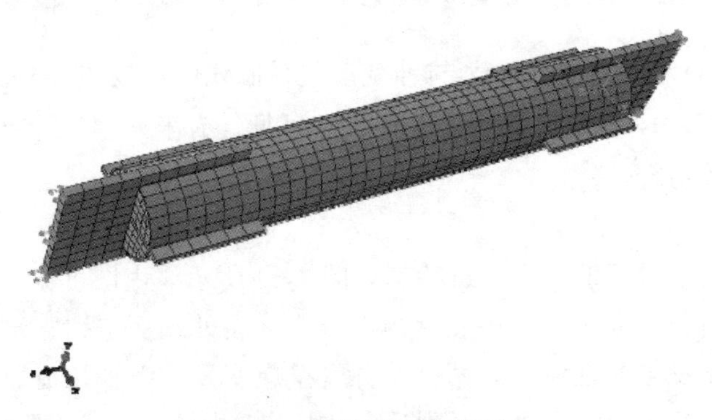

图 4-18　有限元计算模型

4.4.3 计算结果分析

1. 变形特征与破坏模式

图 4-19 为钢管混凝土试件与空钢管试件轴拉破坏形态计算结果与实测结果对比，管内混凝土的裂缝分布状态如图 4-20。可见，空钢管试件整体径向收缩明显，而灌注混凝土后试件纵向近似波浪型微收缩，收缩处混凝土开裂形成贯通缝，与实际观察结果一致。

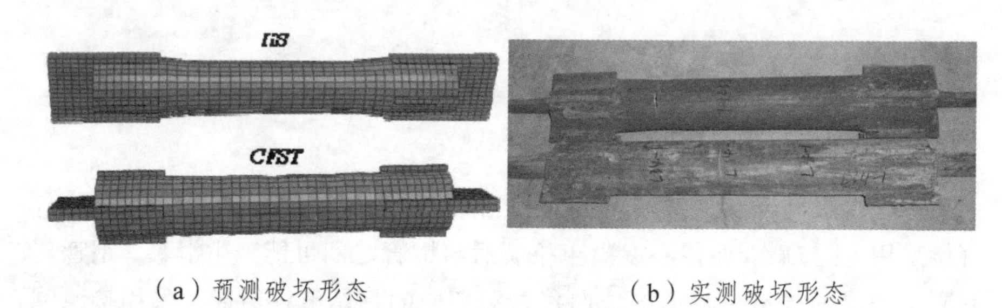

（a）预测破坏形态　　（b）实测破坏形态

图 4-19　试件破坏形态

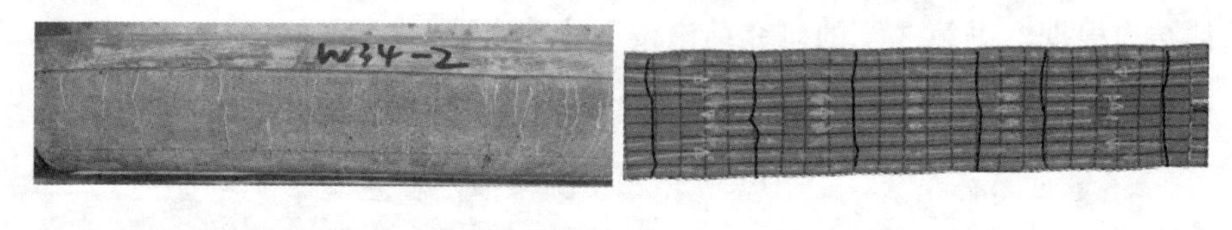

（a）实测裂缝分布　　（b）预测裂缝分布

图 4-20　管内混凝土裂缝分布

图 4-21 为两类试件荷载-拉伸变形关系曲线的比较，有限元分析承载力结果 N_y^c 见表 4-3，与实测值误差很小。可见，有限元模拟计算结果与试验测试结果较吻合。

2. 荷载-应变关系

试件屈服时管壁应变分布状态如图 4-22 所示。由图可见，钢管混凝土试件管壁屈服应变主要集中在管内混凝土开裂处，而空钢管试件径向收缩均匀而整体发生塑性应变。两类试件管壁应变发展随轴拉荷载的变化关系曲线如图 4-23 所示，混凝土开裂后曲线均出现拐点，荷载主要由钢管承担，钢管应变突增，计算结果与试验结果较吻合。

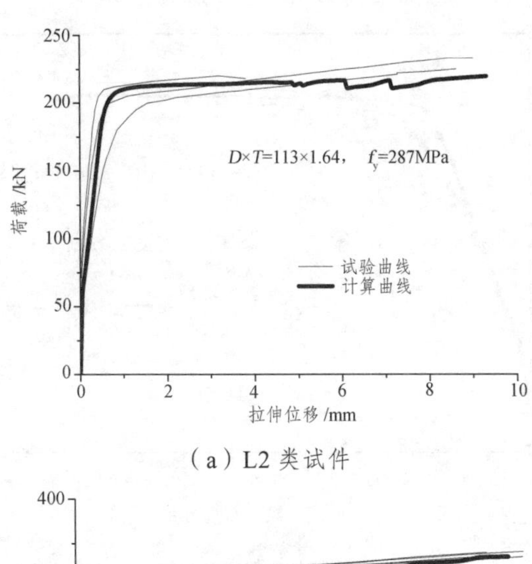

（a）L2 类试件

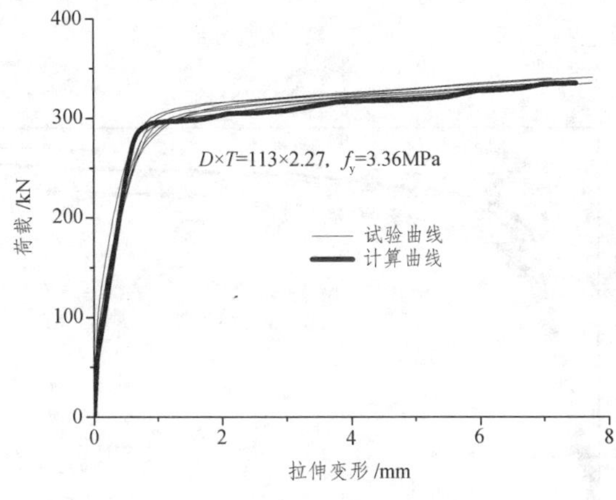

（b）L3 类试件

图 4-21　荷载-拉伸变形关系

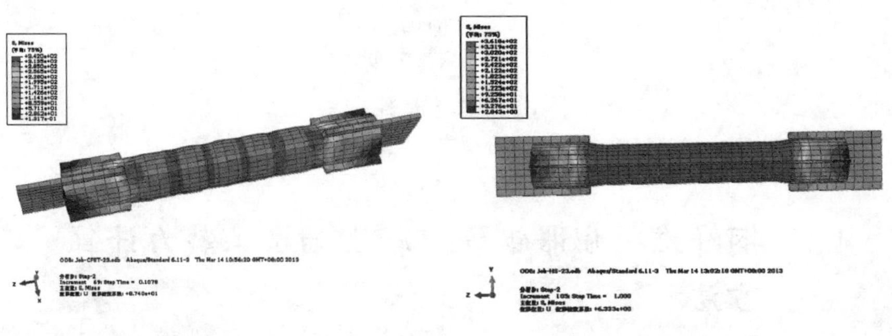

（a）钢管混凝土试件　　　　（b）空钢管试件

图 4-22　应力分布状态

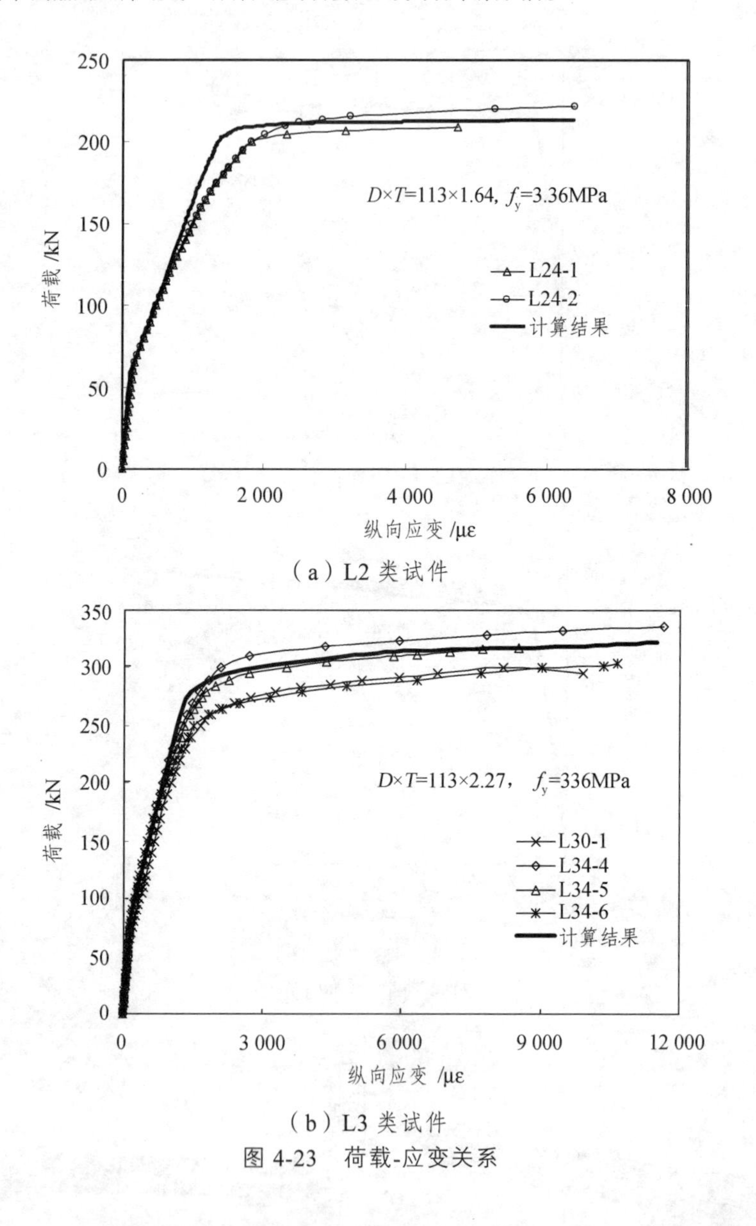

（a）L2 类试件

（b）L3 类试件

图 4-23　荷载-应变关系

4.5　钢纤维微膨胀钢管混凝土轴拉承载力计算方法

目前，国内外对钢管混凝土的轴拉性能研究较少，关于其轴拉承载力的计算，国外的相关规范中大多只考虑钢管受拉而忽略核心混凝土的影响，如：

美国规范 AISC-2010[132]中给出的钢管混凝土构件轴拉承载力计算公式为：

$$N_u^t = \phi_t A_s f_y \tag{4-4}$$

式中：ϕ_t 为材料折减系数，一般取 0.9；A_s 为钢管截面积；f_y 为钢材强度标准值。

英国规范 BS5400-2500[133]中规定的钢管混凝土构件轴拉承载力计算公式为：

$$N_u^t = A_s \times (f_y / r_m) \tag{4-5}$$

式中：r_m 为材料分项系数，取 1.2；A_s 为钢管截面积；f_y 为钢材强度标准值。

欧洲规范 EC4-2004[134]中规定的钢管混凝土构件轴拉承载力计算公式为：

$$N_u^t = A_s \times (f_y / r_{mo}) \tag{4-6}$$

式中：r_{mo} 为材料分项系数，取 1.0；A_s 为钢管截面积；f_y 为钢材强度标准值。

我国相关行业标准和规范考虑了核心混凝土填充对承载力的有利贡献，如：电力行业标准《钢-混凝土组合结构设计规程》（DL/T 5085—1999）[135]中对单肢圆形钢管混凝土轴心受拉构件的承载力规定为：

$$N \leqslant 1.1 f A_s \tag{4-7}$$

式中：A_s 为钢管截面积；f 为钢材的抗拉强度设计值。国内一些地标也采用了此计算方法，如福建省工程建设标准（DBJ/T13-51—2010）[136]等。

另外，Han[76]的研究认为灌注混凝土对钢管混凝土轴拉承载力的作用效应与截面含钢率相关，并提出了钢管混凝土构件轴拉承载力计算公式为：

$$N_u^t = (1.1 - 0.4\alpha) A_s f_y \tag{4-8}$$

式中：α 为截面含钢率；A_s 为钢管截面积；f_y 为钢材强度设计值。

按照以上计算方法对本书钢纤维微膨胀钢管混凝土试件的轴拉承载力进行计算，结果如表 4-2 所示，由于式（4-4）、式（4-5）与式（4-6）表达方式相似，仅材料分项系数取值稍有差异，且三种计算方法计算结果误差很小，因而表 4-2 中仅列出了式（4-4）计算结果。

可见，按普通钢管混凝土轴拉承载力计算方法得到的承载力值与钢纤维微膨胀钢管混凝土轴拉承载力测试结果有较大的差异，除混凝土灌注不密实以及焊点有缺陷的试件外，公式计算结果均较测试值低，尤其是含钢率较低的试件。主要是钢纤维的存在，增强了混凝土的抗拉强度，同时核心混凝土微膨胀效应使得其与管壁的界面粘结性能优于普通钢管混凝土，因而钢纤维微膨胀混凝土能更充分地参与受拉，使得试件承载力较普通钢管混凝土构件有所提高。

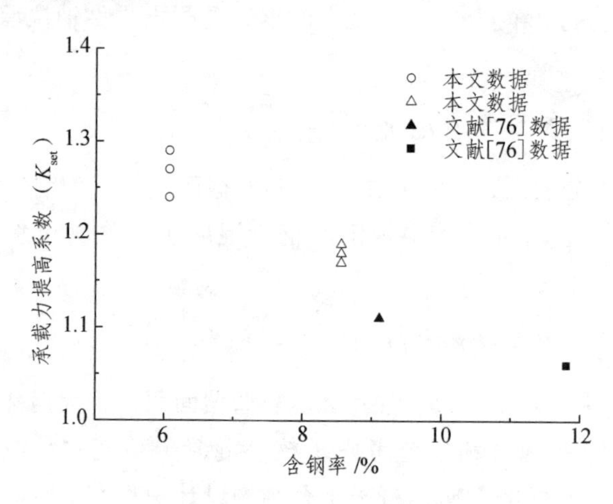

图 4-24 含钢率与承载力提高系数关系

引入钢纤维微膨胀钢管混凝土承载力提高系数 K_{set}（$K_{set}=N_y^t/f_yA_s$），如图 4-24 所示，由于钢纤维掺量增加对构件承载力影响较小，因此不考虑其掺量变化对承载力的影响，结合文献[76]中的试验数据，当钢纤维掺量 $40\ \text{kg}\leqslant m_f\leqslant 80\ \text{kg}$ 时，经回归分析得到 K_{set} 与截面含钢率的关系：

$$K_{set}=0.003\alpha^2-0.091\alpha+1.716$$

式中 α 为截面含钢率（%）。

根据电力行业标准《钢-混凝土组合结构设计规程》（DL/T 5085—1999），圆形钢管混凝土常见的截面含钢率 $\alpha=4\%\sim20\%$。此处，K_{set} 与 α 呈二次抛物线关系，在 $\alpha=15\%$时到达最低点，超过 15%后 K_{set} 随含钢率增加而增加，而本书与文献[73-76]研究均表明空钢管中灌注混凝土后其轴拉承载力的提高程度随截面含钢率增加而降低，可见该关系式在 $\alpha>15\%$时与实际不符。考虑到截面含钢率较大时，混凝土的灌注对空钢管构件轴拉承载力提高幅度较小，当 $\alpha > 15\%$时，K_{set} 取值可与 $\alpha=15\%$保持一致，即 $K_{set}=1.02$。

由此可见，在截面含钢率较低时，受拉钢管中灌注混凝土既能有效增强截面径向刚度，同时对轴拉承载力也有较大的改善提高，而截面含钢率较高时，核心混凝土刚度增强效应起主要作用。

因此，在常见工程应用范围内（$4\% \leqslant \alpha \leqslant 20\%$，$m_f \leqslant 80$ kg），钢纤维微膨胀钢管混凝土的轴拉承载力可以按下式计算：

$$N_y^t = K_{set} f_y A_s \tag{4-9}$$

式中：

$$\begin{cases} K_{set}=0.003\alpha^2-0.091\alpha+1.716 & 4\% \leqslant \alpha < 15\% \\ K_{set}=1.02 & 15\% \leqslant \alpha \leqslant 20\% \end{cases}$$

表 4-3 是式（4-9）计算结果 N_y^c 与构件承载力实测值 N_y^e（取同类试件承载力均值）的对比，可见计算结果与测试结果十分接近，该计算方法可以较好地对钢纤维微膨胀钢管混凝土的轴拉承载力进行预测。

表 4-3　计算承载力与实测结果对比

$D\times T$ /mm	实测值	式（4-9）	模拟分析	N_y^c / N_y^e	N_y^s / N_y^e
	N_y^e/kN	N_y^c/kN	N_y^s/kN		
113×1.64	208.3	209.8	210.5	1.007%	1.011%
113×2.27	313.5	307.1	305.7	0.980%	0.975%

4.6　本章小结

进行了 22 根钢管混凝土与 4 根空钢管试件轴拉测试，结合有限元模拟计算，探明了钢管混凝土轴拉工作机理，研究了其轴拉破坏模式、承载力影响因素与影响规律，主要结论如下：

（1）钢管混凝土试件与空钢管试件的荷载-拉伸变形关系曲线都由弹性段、弹塑性段与强化段组成，二者在前两个阶段有一定的差异：空钢管试件弹性阶段长，钢材屈服后即进入弹塑性段。钢管混凝土试件整体弹性段较短，荷载达屈服荷载 30%左右时混凝土开裂，曲线出现拐点；其弹塑性段较长，且为折线型，荷载达屈服荷载 90%左右时钢材开始屈服，曲线发生第二次转折，试件整体进入弹塑性段；试件强化段曲线发展趋势与空钢管试件一致。

（2）所有试件破坏均表现为管壁开裂。普通钢管混凝土试件管内混凝土裂缝为较宽的贯通缝，数量少；掺有钢纤维的试件混凝土裂缝密集，且多为“细丝”缝，贯通裂缝较少。

（3）相同荷载作用下，钢管混凝土试件钢管纵向应变较空钢管试件小，纵向刚度略有增大；环向应变较空钢管试件明显减小，仅为空钢管环向应变的 1/5 左右，径向刚度显著增加。

（4）钢纤维微膨胀钢管混凝土核心混凝土灌注不密实或构件存在焊接缺陷时，构件轴拉承载力明显下降；构件初裂荷载与屈服荷载均随钢纤维掺量增加而提高，初裂荷载提高幅度较大，而屈服荷载提高幅度较小。钢纤维微膨胀钢管混凝土轴拉承载力较空钢管试件一般提高 15%～37%，含钢率越高，提高幅度越小。

（5）提出了钢纤维微膨胀钢管混凝土轴拉承载力的计算方法，计算结果与试验结果吻合较好。

第5章　钢纤维微膨胀钢管混凝土抗弯性能研究

5.1　引　言

钢管混凝土桁架梁式结构抗弯体系中上弦管处于压弯应力状态而下弦杆处于拉弯应力状态。为更好地理解钢管混凝土在压弯、拉弯等复杂应力状态下的工作机理，国内外研究者对普通钢管混凝土纯弯工作性能、抗弯刚度与承载力进行了系列理论与试验研究[78-89]，而对适合于钢管混凝土桁架梁式结构抗弯体系的钢纤维微膨胀钢管混凝土的抗弯性能研究尚未见报道。钢纤维微膨胀混凝土与管壁的界面粘结性能优于普通钢管混凝土，截面组合性能提高，对管壁局部屈曲与径向变形限制增强，且钢纤维的掺加可以阻止和延缓混凝土微裂缝的形成与扩展，提高核心混凝土的抗弯拉强度。可见，钢纤维微膨胀钢管混凝土的抗弯性能与普通钢管混凝土势必存在差异，有必要进行系统深入研究。

因此，本章开展了钢纤维微膨胀钢管混凝土的抗弯性能试验研究，通过在主管上焊接支管以施加轴压荷载使主管受弯，研究钢纤维微膨胀钢管混凝土的抗弯承载力、变形特征与失效模式，并与同类型空钢管以及普通钢管混凝土试件对比，提出适用于钢纤维微膨胀钢管混凝土抗弯承载力的计算方法，为分析探讨钢管混凝土桁架梁式结构受弯体系力学性能提供基础。

5.2　试验概况

5.2.1　试验模型与参数设计

采用如图 5-1 所示的模型试件，在主管跨中焊接加载支管，用以施加轴压荷载使主管三点受弯，研究主管截面含钢率与核心混凝土中钢纤维掺量以及支管类型对钢管混凝土桁架梁式结构受弯体系中弦杆抗弯性能的影响。

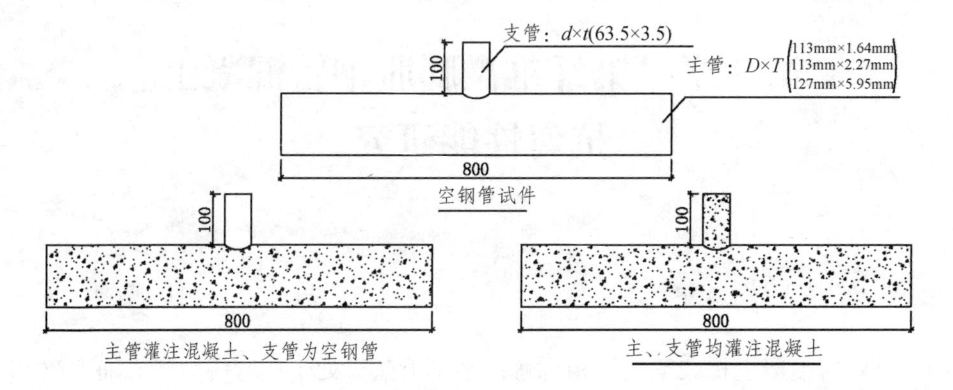

图 5-1　抗弯试件模型

主管分为三种类型，总长均为 800 mm，外径与壁厚分别为 113 mm×1.64 mm、113 mm×2.27 mm 与 127 mm×5.95 mm，记为 W2、W3 与 W6。三类试件均采用相同类型加载支管，管径与壁厚 63.5 mm×3.5 mm、长 100 mm，考察支主管强度比对节点破坏形态以及试件整体抗弯承载力等的影响。模型试件构造参数如表 5-1 所示。

表 5-1　模型试件构造参数

类型	主管			支管	d/D	t/T
	$D×T$/mm	α	D/T	$d×t$/mm		
W2	113×1.64	6.07%	68.9		0.56	2.13
W3	113×2.27	8.55%	49.8	63.5×3.5	0.56	1.54
W6	127×5.95	21.75%	21.3		0.50	0.59

W3 类试件核心混凝土按表 3-3 中配合比制备，根据钢纤维掺量不同（0、40 kg、60 kg 与 80 kg）分为 4 个系列，记为 W30、W34、W36 与 W38，研究钢纤维掺量对主管抗弯力学性能的影响；W6 类试件核心混凝土分两种类型，按表 3-3 中 A0 与 A1 组（钢纤维掺量 40 kg）配合比制备，记为 W60 与 W64 系列，研究钢管混凝土试件含钢率较高时核心混凝土中掺与不掺钢纤维微对其抗弯性能的影响；W2 类试件核心混凝土采用表 3-3 中的 A1 组

配合比，记为 W24 系列，与 W34、W64 系列试件进行对比，分析主管截面含钢率对其抗弯性能的影响。

此外，在部分试件加载支管内灌注与主管核心混凝土同配比的砂浆，与支管为空钢管同类型试件进行对比，研究支管类型（灌与不灌砂浆）对试件整体抗弯承载力、变形性能以及节点破坏模式的影响。每种类型主管制作了 3 个空钢管试件，分别记为 HW2、HW3 与 HW6 系列。共 36 个试件，详细特征参数如表 5-2。

表 5-2　抗弯试件特征参数

主管						支管类型	数量	编号
$D\times T\times L$/mm	类型	α	f_y /MPa	f_c /MPa	ξ			
113×1.64×800	HS	—	286.8	—	—	HS	3	HW2-1 ~ 3
	SE-CFST	6.07%	286.8	80.3	0.319	HS	2	W24-1 ~ 2
						CFST	1	W24-S1
113×2.27×800	HS	—	336.1	—	—	HS	3	HW3-1 ~ 3
	CFST	8.55%	336.1	76.6	0.551	HS	2	W30-1 ~ 2
						CFST	1	W30-S1
	SE-CFST	8.55%	336.1	80.3	0.526	HS	3	W34-1 ~ 3
						CFST	1	W34-S1
	SE-CFST	8.55%	336.1	83.3	0.507	HS	2	W36-1 ~ 2
	SE-CFST	8.55%	336.1	79.8	0.529	HS	2	W38-1 ~ 2
127×5.95×800	HS			—	—	HS	3	HW6-1 ~ 3
	CFST	21.75%	386.0	76.6	1.612	HS	2	W60-1 ~ 2
						CFST	1	W60-S1
	SE-CFST	21.75%	386.0	80.3	1.537	HS	5	W64-S1 ~ S5
						CFST	5	W64-1 ~ 5

注：试件编号中前三个字符表示试件序列，短横线后的数字代表试件序号，序号中含有字母“S”的表示试件支管填充砂浆，序号不带“S”则为空心支管。主、支管类型中，“HS”指空钢管、“CFST”指普通钢管混凝土、“SE-CFST”指钢纤维微膨胀钢管混凝土。

5.2.2 试件制作与成型

试验所用主支管共包括 4 种类型，按第 3.2.2 中的方法测试钢材力学性能，结果如表 5-3。

表 5-3 钢材力学性能参数

钢管类型 $D\times T$ /mm	屈服强度 /MPa	抗拉强度 /MPa	弹性模量（$\times10^5$）/MPa	泊松比
113×1.64	286.77	346.27	2.04	0.273
113×2.27	336.05	428.07	2.01	0.267
127×5.95	386.01	518.63	1.99	0.261
63.5×3.5	285.31	485.22	2.02	0.264

支主管按相贯线焊接：先将主管加工成规定的长度，保证两端面平整。支管焊接前应进行严格对中，确保支管在主管的中心且轴线与主管轴线垂直。

混凝土浇筑前先除去钢管内壁浮尘和锈蚀，并用水润湿。混凝土浇筑时，将主管竖直放置，底端平整，分层浇筑，浇筑过程中保持主管平稳避免底端漏浆。灌注完毕，将钢管外壁清理干净，灌注口抹平，然后用塑料膜密封养护。一周后，将部分试件支管灌注与主管混凝土同配比的砂浆，端面抹平后密封养护。

5.2.3 试验装置与测试方案

5.2.3.1 试验装置与试验方法

抗弯试验采用 300 吨液压伺服压力试验机进行加载，如图 5-2 所示，设备可对加载力、位移以及加载速率进行准确控制。

试验测试前根据三系列试件外径大小，分别加工与其外径匹配的半圆形支座三对，用作试件底座以防试件倾覆。图 5-3 是抗弯试验测试示意图，加载支管上垫一片直径 10 cm 的圆形钢块以均匀施加轴压荷载，使主管三点受弯。

图 5-2　抗弯试验装置

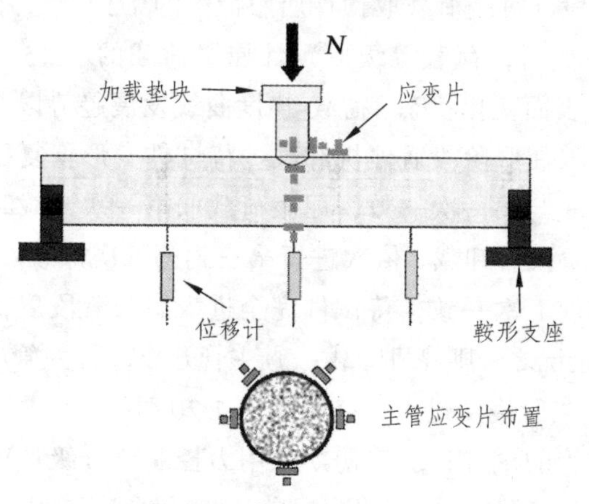

图 5-3　抗弯试验示意图

5.2.3.2　传感器布置与数据采集

钢管混凝土试件位移计与应变片布置如图 5-3：① 位移计布置在主管跨中以及四分点处；② 应变片测点包括主管跨中下缘、中截面以及支管根部上缘、主管顶面靠支管趾部，另外支管根部和趾部与主管对应点也布置测点，每测点粘贴纵、环向应变片一对。空钢管试件只在跨中布置位移计，且安装在上下加载板之间测试加载点的位移（包括主管弯曲变形与凹陷变形），应变片布置方案与钢管混凝土试件一致。

位移与应变通过静态应变采集仪 JM3812 记录采集，加载速率与荷载值由仪器自动监测记录，并实时绘制荷载-跨中挠度曲线以分析试件的变形发展形态。

5.2.3.3 测试方案与加载制度

主管为空钢管的试件只进行单次加载直至试件破坏。为研究钢管混凝土试件受弯屈服后的工作性能而对主管为钢管混凝土的试件进行循环反复加载，每个试件反复加卸载六次，前五次每次加载到试件荷载-跨中挠度曲线进入明显屈服阶段即卸载，第六次持续加载直至试件破坏而停机卸载。

测试前先进行预加载，预加载值取预计极限荷载的 10%，使试件与支座、垫块之间接触紧密，持荷 3 ~ 5 min，观察仪器工作状态，检查是否存在偏心加载，否则应调整试件，重新对中。

主管为钢管混凝土的试件首次加载时，加载初期按力控制，采用分级加载：在弹性阶段，每级荷载取预计屈服荷载的 1/10；当荷载-跨中挠度曲线出现非线性特征后，荷载等级取预计屈服荷载的 1/15。每级荷载持荷 2 min，观察试件表面变化状态、荷载-挠度曲线发展趋势以及各测点应变状态。试件完全进入屈服阶段后停机卸载。待试件变形恢复稳定后进行第二次加载，加载方式与第一次一致，屈服荷载取第一次卸载时的荷载值，试件完全进入屈服阶段后卸载，依次进行第三到第五次加载。第六次加载时，前期加载方式与前五次一致，待试件完全进入屈服阶段后转换为位移控制加载。出现如下情况之一则停机卸载：① 主管开裂；② 主管严重压陷；③ 支管严重变形；④ 主管挠度过大，挠跨比达 1/20 时。

主管为空钢管的试件，加载初期采用力控制，分级加载：弹性阶段每级荷载取预计极限荷载的 1/10，荷载-跨中挠度曲线出现非线性特征后荷载等级取预计极限荷载的 1/15，每级荷载持荷 2min，观察试件表面变化状态。试件完全屈服后，加载方式转换为按位移控制，直至试件破坏停机卸载，停机准则与主管为钢管混凝土试件试验测试一致。

5.3 试验过程与测试结果

5.3.1 破坏过程

1. 空钢管试件

三系列空钢管试件破坏形态一致，主要表现为主管压陷失效，而支管没有明显破坏特征。图 5-4 为空钢管试件荷载-跨中变形曲线，图 5-5 为其典型破坏失效过程。

加载初期，试件表面无明显变化，荷载-跨中竖向变形关系曲线表现一致，近似线性增长。当荷载达到极限荷载的 80%左右时，主管沿支管周围颜色变深，试件开始发展塑性变形。随荷载增加，曲线开始逐渐偏离直线增长，主管压区开始起皮。荷载达到最大值后（如图 5-4 所示），主管压区开始压陷，如图 5-5（a）所示，试件开始丧失承载力，荷载-跨中挠度曲线出现下降。随后，主管压陷加剧，侧壁逐渐鼓屈，如图 5-5（b）。最后，荷载迅速下降，主管压陷严重、侧壁鼓屈明显而停机。试件最终破坏形态如图 5-5（c），属典型空钢管节点 A 型失效模式[92-93]（β=0.56 < 0.6，主管塑性失效）。

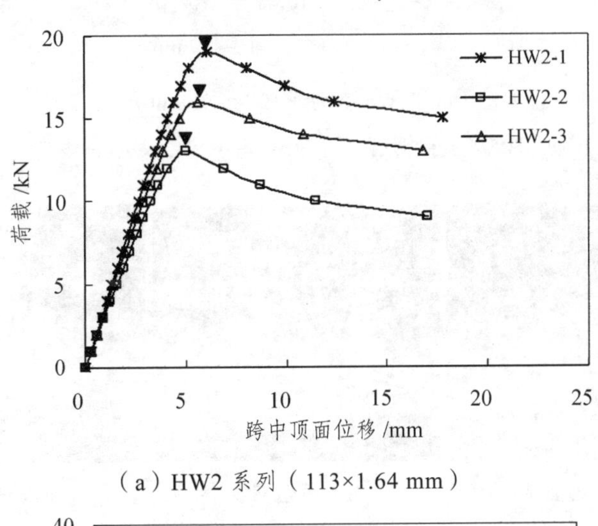

（a）HW2 系列（113×1.64 mm）

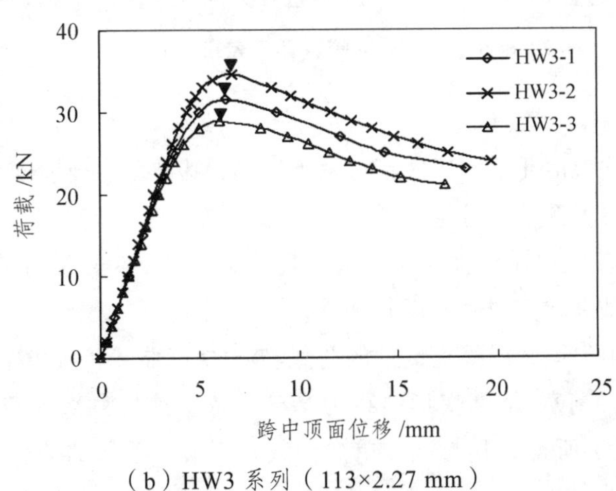

（b）HW3 系列（113×2.27 mm）

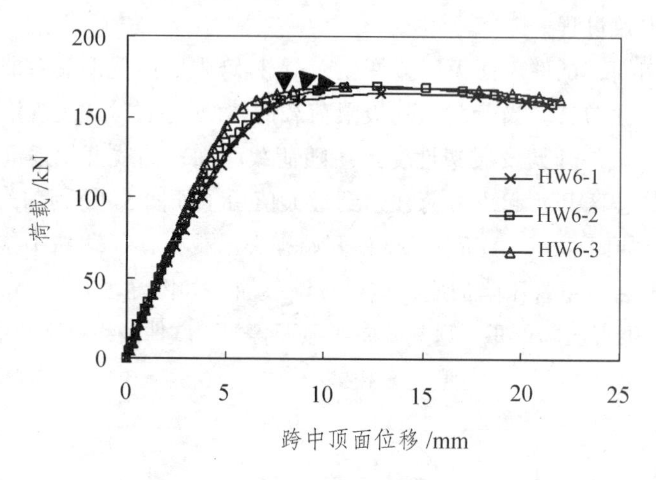

（c）HW6 系列（127×5.95mm）

图 5-4　空钢管试件荷载-跨中挠度变形曲线

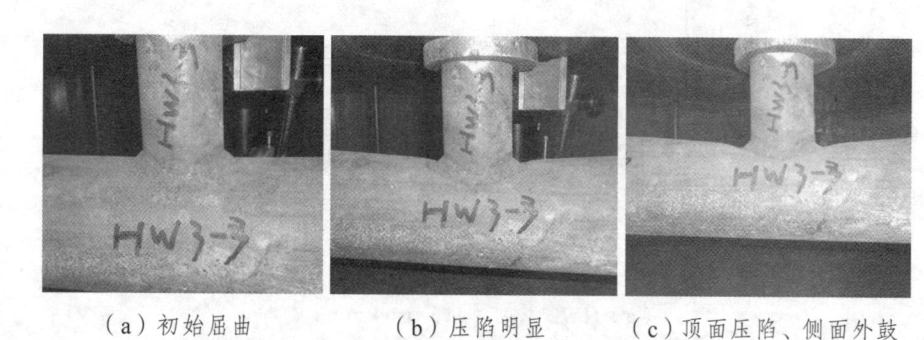

（a）初始屈曲　　（b）压陷明显　　（c）顶面压陷、侧面外鼓

图 5-5　空钢管试件受弯破坏过程

2. 钢管混凝土试件

主管灌注混凝土后，压区不再发生压陷，其破坏主要表现为压区鼓屈，拉区甚至出现开裂。支主管壁厚比（t/T）较小时，则因支管破坏而导致试件失效。除 W34-1 试件在第一次加载时即出现拉区开裂而卸载终止试验以外，其他试件均完成六次反复加载。

图 5-6 中为钢管混凝土试件的荷载-跨中挠度曲线，其中全曲线是以第一次加载时的荷载-挠度变形曲线为基础，依次连接各次加载时的最大值（亦即卸载点）所得，其与试件单次加载直至最终破坏的荷载-挠度全过程

关系曲线一致。图 5-7 ~ 图 5-9 中描述了不同类型试件在各次加载过程中的典型破坏形态。

W2 与 W3 类试件支主管壁厚比（t/T）较大，分别为 2.13 与 1.54，两类试件中支管灌与不灌砂浆其受弯破坏过程与破坏形态均相似，且试件破坏形态与主管核心混凝土中钢纤维掺量关系不明显，此处选取试件 W30-S1（壁厚 2.27 mm，主管灌注普通微膨胀混凝土、支管填充砂浆）进行阐述。

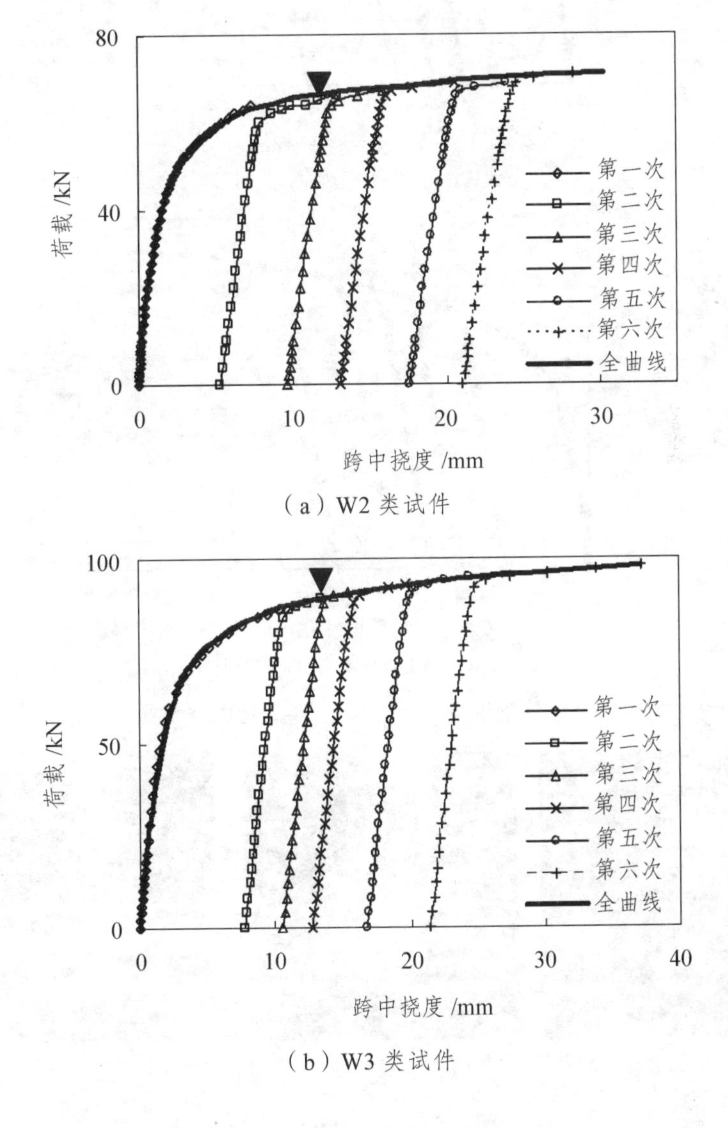

（a）W2 类试件

（b）W3 类试件

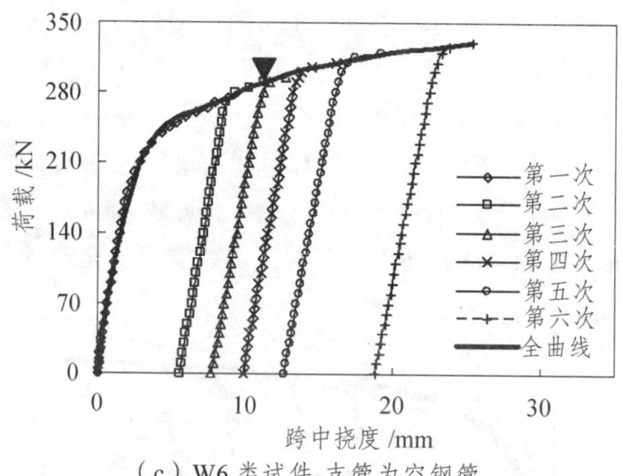

（c）W6 类试件-支管为空钢管

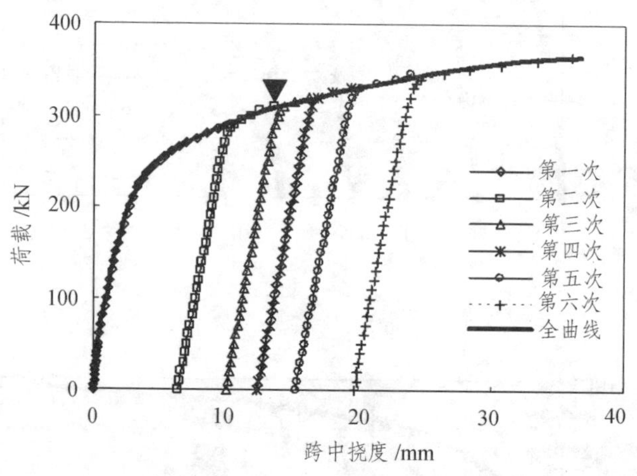

（d）W6 类试件-支管填充砂浆

图 5-6 钢管混凝土试件典型荷载-跨中挠度曲线

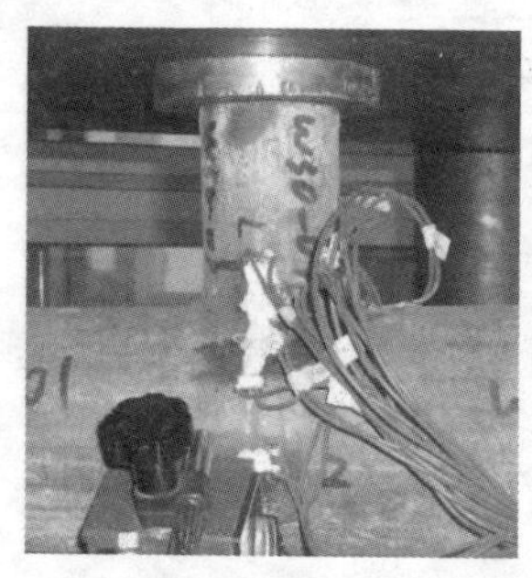
（a）加载前

（b）第一次加载

（c）第二次加载

(d) 第三次加载

(e) 第四次加载

(f) 第五次加载

(g) 最终破坏形态

图 5-7　W2 与 W3 类试件典型破坏形态

第一次加载，荷载较小时，表面变化状况不明显，图 5-6（b）中荷载-跨中挠度曲线呈线性增加；当荷载达到屈服荷载的 75%左右时，荷载-跨中挠度曲线开始出现非线性变化特征，主管沿支管周边颜色变深；荷载达屈服荷载的 85%左右时，主管顶面轻微起皮，荷载-跨中挠度曲线非线性特征逐渐明显；试件进入屈服阶段后卸载，此时，主管表面出现起皮、掉渣现象，如图 5-7（b）所示。

第二次加载时，荷载-挠度曲线加载前期呈线性增加，荷载增加到接近第一次卸载荷载时，曲线出现明显拐点，荷载增长缓慢而挠度增长加快，试件开始产生塑性变形；随后，主管沿支管周边起皮掉渣加剧，主管顶面开始鼓屈，如图 5-7 中（c）所示，荷载特征点如图 5-6（b）所示，试件已完全进入屈服阶段，停机卸载。第三至第五次加载，荷载-挠度曲线变化趋势与第二次一致，主管破坏失效过程如图 5-7 中（d）~（f）所示，压区鼓屈逐渐加剧，甚至开始皱褶。

第六次进行持续加载，因主管下缘受拉区开裂而停机卸载，此时主管受压区已严重鼓屈、皱褶，但侧面鼓曲现象不明显。试件最终典型变形形态与破坏模式如图 5-7 中（g）所示，可见试件整体弯曲变形明显。

W6 类试件支主管径厚比为 0.59，较 W2 与 W3 类试件小，图 5-6（c）与（d）显示其支管灌与不灌砂浆试件荷载-跨中挠度关系曲线发展趋势基本一致，但由图 5-8 与图 5-9 可见两类试件破坏形态明显不同。

（a）试件加载前　（b）第一次加载　（c）第二次加载

（d）第三次加载　（e）第四次加载　（f）第五次加载

（g）最终破坏形态

图 5-8　W6 类支管灌注砂浆试件典型破坏形态

W6 类钢管混凝土试件支管灌注混凝土后，其破坏过程与破坏形态与 W2、W3 类钢管混凝土试件较相似，如图 5-8 所示。试件均出现钢管压区屈曲，但 W6 类钢管混凝土试件截面含钢率高，其拉区虽发展塑性应变但并未开裂。

但对于支管为空钢管的 W6 类试件，主要表现为支管压屈破坏，而主管破坏特征不明显，典型破坏发展过程如图 5-9 所示。荷载较小时，图 5-6 中（c）所示荷载-跨中挠度曲线仍具有较好的线性关系，主支管均没有明显变化。荷载增加到屈服荷载的 75%左右时，支管表面开始有起皮现象，主管压区颜色有变化，试件开始发生弹塑性应变，荷载-跨中挠度曲线偏离线性增长。随后支管表面出现明显起皮、掉渣现象，主管破坏特征不明显，如图 5-9 中（b）所示，荷载-跨中挠度曲线表现出明显非线性特征而停机卸载。

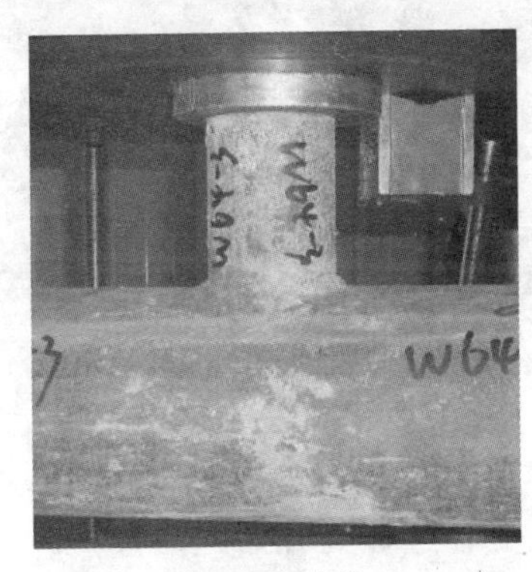

（a）试验前

（b）第一次加载

（c）第二次加载

（d）第三次加载

（e）第四次加载

（f）第五次加载

（g）最终破坏形态

图 5-9　W6 类支管为空钢管试件典型破坏形态

第二次加载时，荷载-跨中挠度曲线发展趋势仍然与 W2 与 W3 类钢管混凝土试件相似。但进入屈服阶段后，主支管连接处开始起皮掉渣，支管整体鼓胀屈曲，如图 5-9 中（c）所示。第三至第五次加载，主管均没有发生明显破坏，而支管整体逐渐鼓胀，上下两端出现鼓屈，如图 5-9 中（d）~（f）所示。试件最终破坏形态如图 5-9 中（g）所示，支管受压屈曲严重变形，主管无明显破坏特征，试件整体弯曲变形较小。

5.3.2　管内混凝土破坏形态

为了解管内混凝土破坏形态，选取部分试件进行了管壁切割，结果如图 5-10 所示。可见，核心混凝土裂缝主要集中在主管上缘以管壁鼓凸点为起点沿 45°角斜向下缘扩散的区域。但由于试件主管壁厚、管内混凝土类型（掺与不掺钢纤维）以及支管类型不同，混凝土破坏形态与裂缝分布有所差异。

图 5-10（a）为试件 W24-2 混凝土破坏形态。其主管壁较薄、截面含钢

率较低，受拉区主管开裂处混凝土已发生破碎，且裂缝已延伸至受压区。但其核心混凝土中掺有钢纤维，在支管范围以外受拉区混凝土均为细小裂缝。

图 5-10（b）～（d）为试件 W30-1、W34-2 与 W34-S1 混凝土破坏形态。W30-1 主管内灌注普通微膨胀混凝土，其下缘受拉区管壁附近混凝土均已破碎，裂缝多、且均延伸至受压区；W34-2 与 W34-S1 管内为钢纤维微膨胀混凝土，混凝土破损明显不如 W30-1 试件严重，仅在管壁开裂处混凝土裂缝稍宽且延伸至受压区，其他裂缝均较细，虽延伸过中和轴但未至主管受压区，整体上裂缝较 W30-1 少。

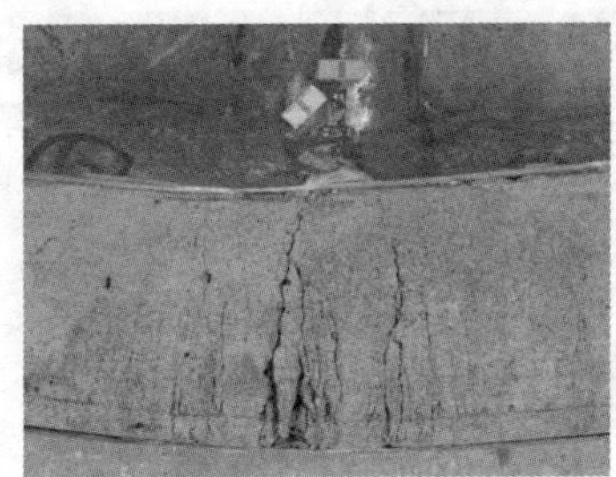

（a）W24-2

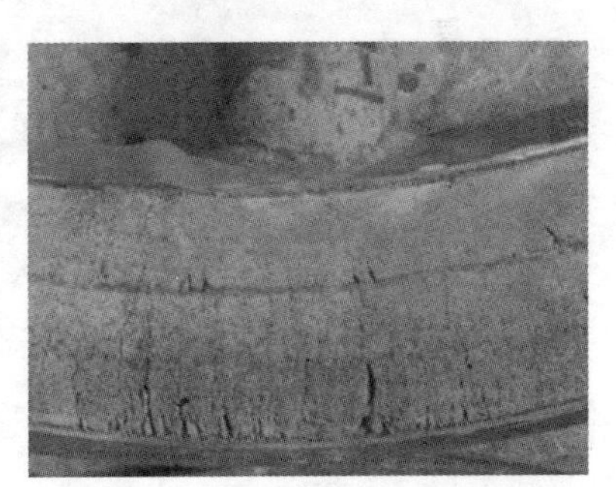

（b）W30-1

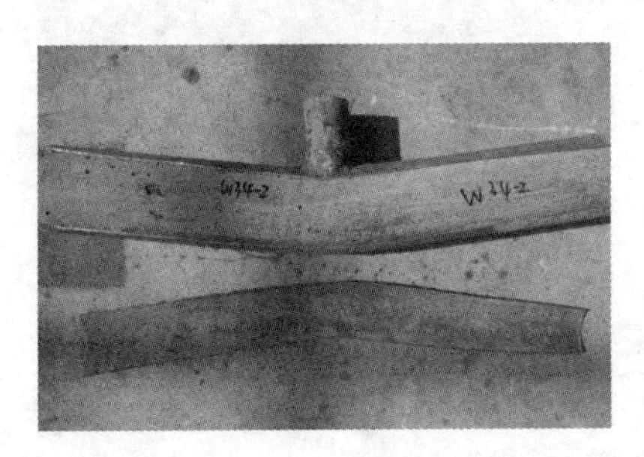

（c）W34-2

（d）W34-S1

（e）W60-1

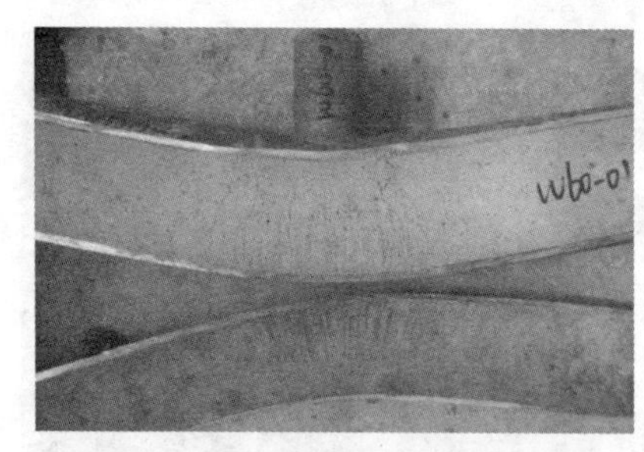

（f）W60-S1

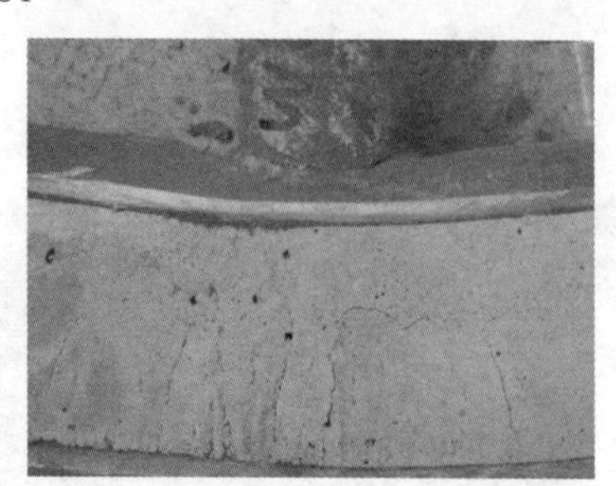

（g）W64-S2

图 5-10　主管核心混凝土破坏形态

图 5-10（e）~（g）为试件 W60-1、W60-S1 与 W64-S2 混凝土破坏形态。W60-1 与 W60-01 主管内灌注普通微膨胀混凝土，而 W64-S2 主管内灌注钢纤维微膨胀混凝土。W60-1 支管为空钢管，试件整体弯曲变形很小，混凝土裂缝主要集中在中和轴以下受拉区域，且裂缝较多、分布均匀；W60-S1 支管填充砂浆，试件整体弯曲变形明显，混凝土裂缝较 W60-1 中宽，且大部分延伸过中和轴，主管顶面鼓屈部位有贯通裂缝；W64-S2 支管也填充砂浆，其试件破坏形态与 W60-S1 基本一致，但其核心混凝土中掺有钢纤维，裂缝宽度较窄，分布均匀，均未延伸超过中和轴。

5.4　结果分析与讨论

5.4.1　破坏模式

钢管混凝土试件三点受弯测试结果表明，支管承受轴向荷载时，主管灌和不灌混凝土试件整体以及节点破坏形态与发展过程有明显的差异。不同类型试件典型破坏特征可归纳为图 5-11 所示的几种模式。

主管为空钢管的试件，支管受压时试件典型破坏形态均呈现图 5-11（a）所示模式，主管压区压陷、侧面鼓屈，属典型塑性失效，试件整体弯曲变形很小。

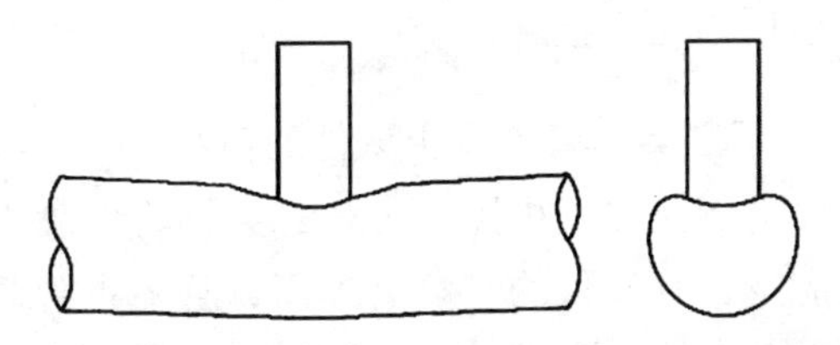

（a）空钢管试件破坏模式：主管压区压陷、侧面外鼓

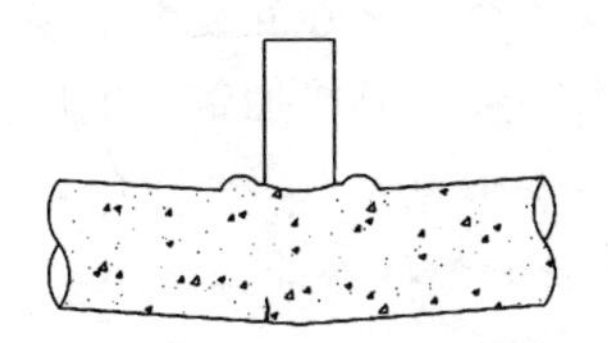

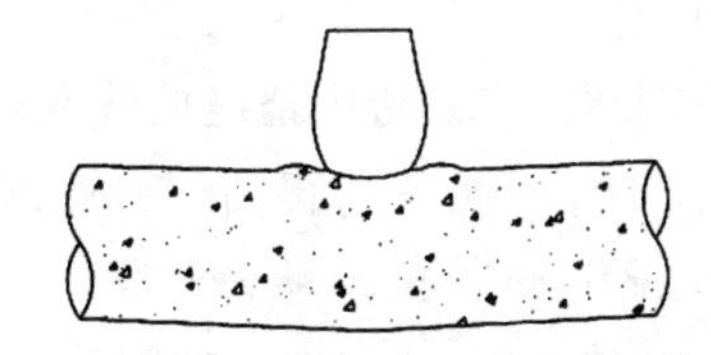

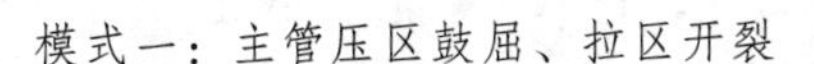

模式一：主管压区鼓屈、拉区开裂　　模式二：支管压屈、主管微鼓

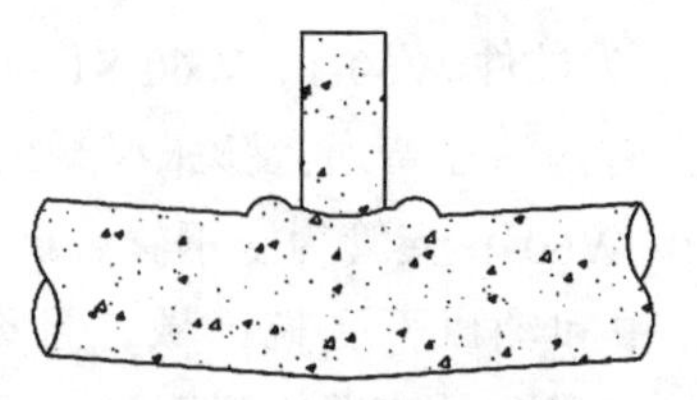

模式三：主管压区鼓屈

（b）钢管混凝土试件破坏模式

图 5-11　钢管混凝土三点受弯典型破坏模式

主管灌注混凝土的试件，由于支管类型与支主管外径比、壁厚比不同，其破坏形态对应图 5-11（b）中的三种不同模式：

（1）模式一：主管压区鼓屈，拉区管壁开裂，试件整体弯曲变形较大。W2 与 W3 类试件支管灌与不灌砂浆均为该种破坏模式。试件支主管外径比适中，而壁厚比较大，主管壁厚相对较薄。

（2）模式二：支管严重压屈，主管沿压区轻微鼓屈，试件整体弯曲变形较小。W6 类支管为空钢管的试件为该种破坏模式。试件支主管外径比适中，而壁厚比较小，主管壁厚相对较厚。

（3）模式三：主管压区鼓屈，试件整体弯曲变形较大。W6 类支管灌注砂浆试件呈该种破坏模式。试件支主管径厚比适中，而壁厚比较小，主管壁厚相对较厚，但支管灌注砂浆，强度大幅提高。

5.4.2　荷载-挠度曲线分析

图 5-12 中列出了三类钢管混凝土试件的荷载-挠度全过程关系曲线，并与对应空钢管试件进行对比。由图可见，三类钢管混凝土试件抗弯刚度与抗弯承载力比相应空钢管试件均有显著提高，且随主管截面含钢率增加，提高幅度逐渐减小。W3 与 W6 类钢管混凝土试件管内混凝土有掺与不掺钢纤维两种类型，由图 5-12（b）与（c）可以看到，核心混凝土中掺与不掺钢纤维试件荷载-跨中挠度曲线发展趋势基本一致，但掺加钢纤维后试件抗弯刚度与承载力均有提高。另外，图 5-12（c）中 W6 类空心支管试件较支管灌注砂浆试件抗弯承载力低，且极限破坏时的整体弯曲变形小。

W2 与 W3 类试件，特别是 W2 类试件，各试件之间荷载-挠度曲线虽然总体变化趋势相同，但进入弹塑性阶段后曲线存在明显差异，屈服荷载与极限荷载离散性较大。W2 类空钢管试件峰值荷载最大相差 46%、钢管混凝土试件极限荷载最大相差 13%；W3 类空钢管试件荷载峰值差异为 10.3%、钢管混凝土试件极限荷载差异为 5%。而 W6 类空钢管试件与钢管混凝土试件屈服荷载与极限荷载相差均在 4%以内。

可见，钢管壁厚较薄的空钢管试件承载力离散性较大，工程应用中应注意设计规范对管壁最小厚度的规定。主要因为管壁较薄，焊接质量不易控制，应力集中问题突出。但灌注混凝土后，W2 与 W3 类钢管混凝土试件承载力差异明显减小，表明混凝土的填充后可以有效缓解钢管焊接质量缺陷造成的承载力不利影响，试件荷载-挠度变形关系曲线更稳定。

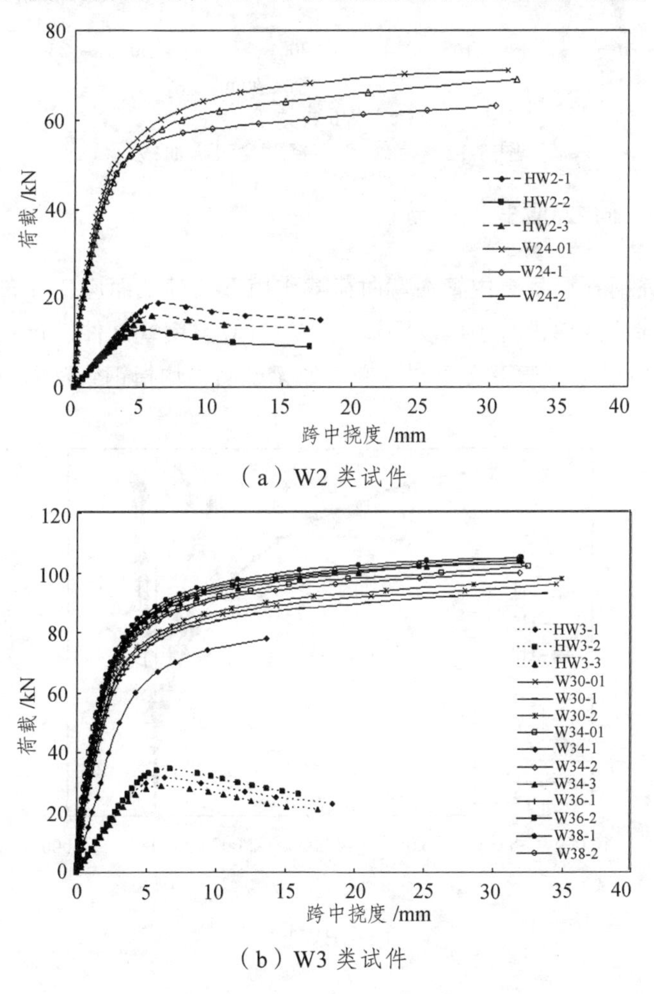

（a）W2 类试件

（b）W3 类试件

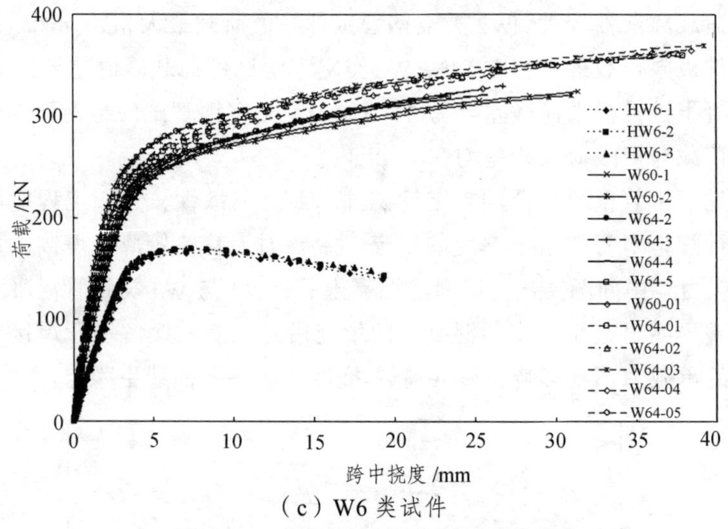

（c）W6 类试件

图 5-12　荷载-跨中挠度全过程曲线

5.4.3　荷载-应变关系分析

为研究钢管混凝土主管在弯曲荷载作用下关键截面应变分布与发展过程，选取部分试件进行了应变测试，并与对应空钢管试件进行对比，结果如图 5-13 所示（本章下文中“应变”如无说明，均指钢管轴向应变）。

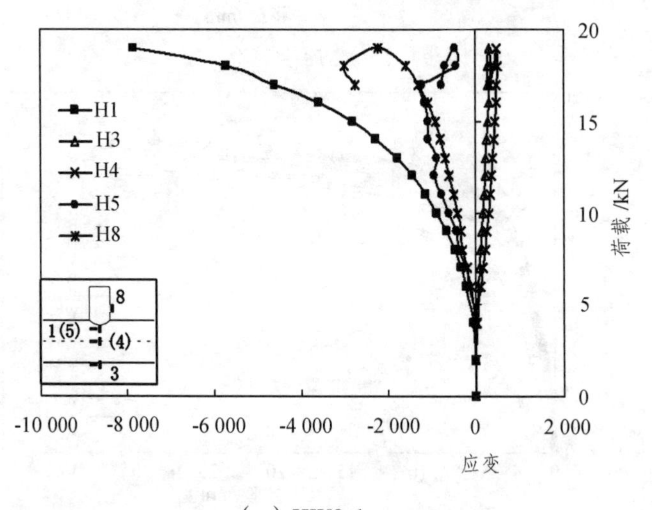

（a）HW2-1

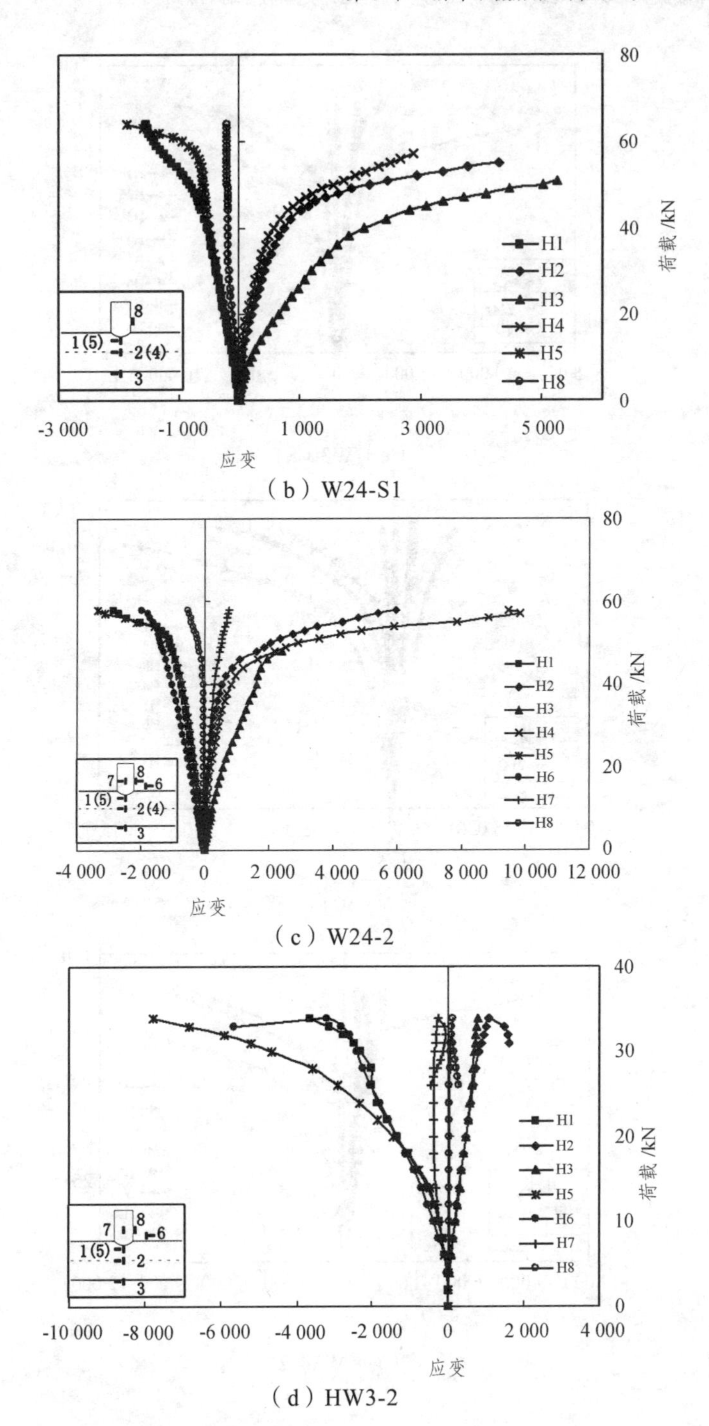

（b）W24-S1

（c）W24-2

（d）HW3-2

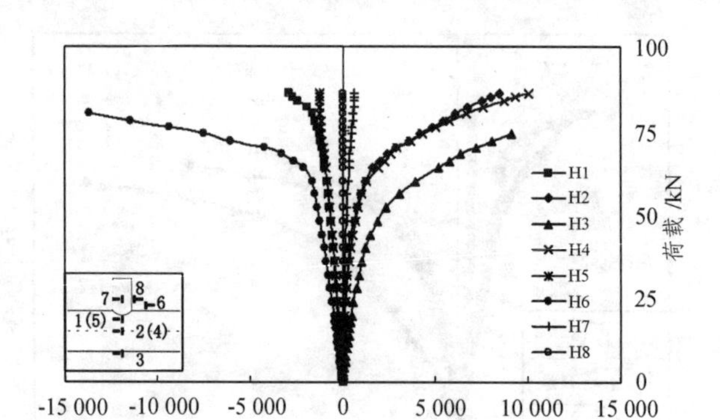

（e）W30-S1

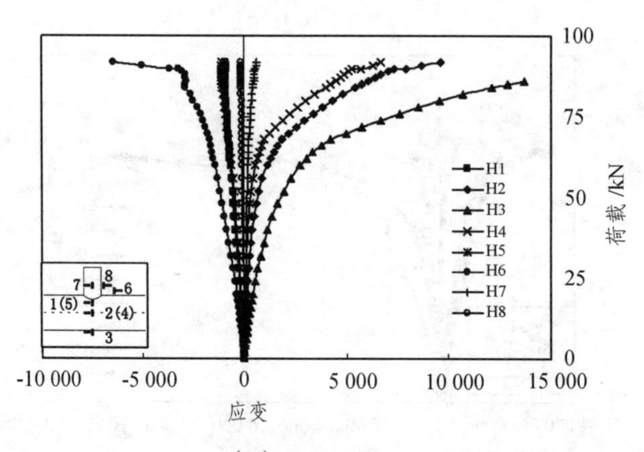

（f）W34-S1

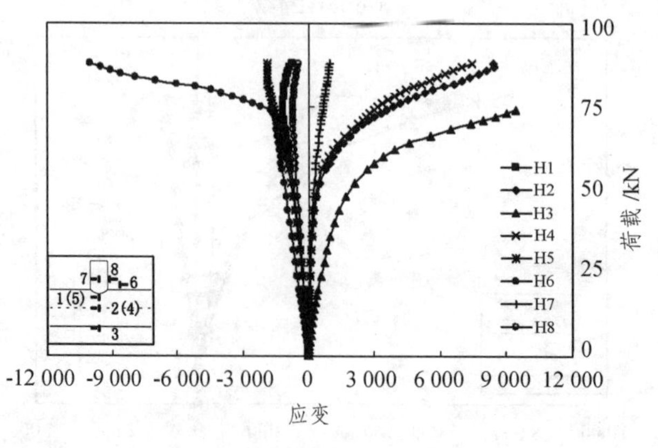

（g）W34-2

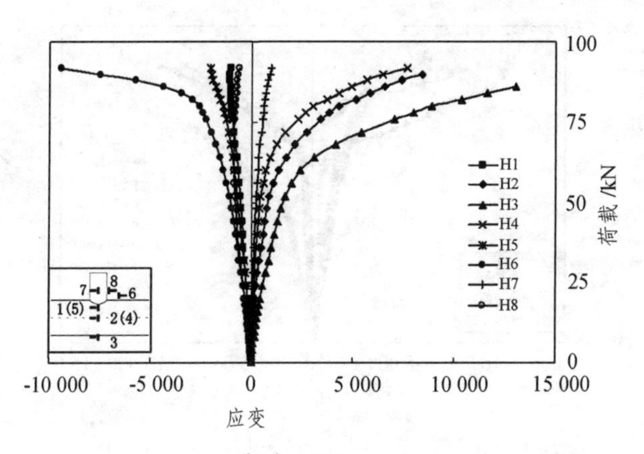

（h）W34-3

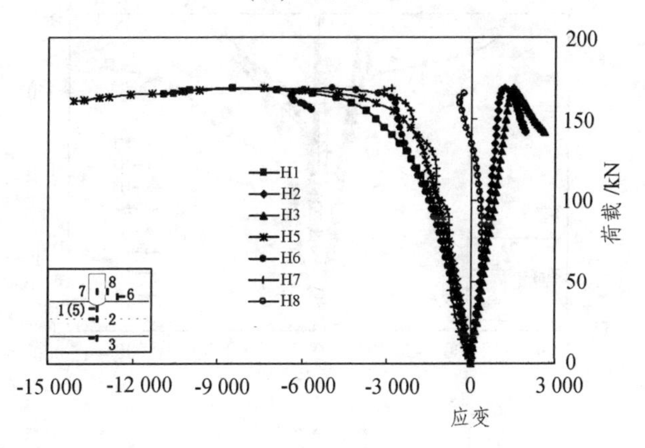

（i）HW6-2

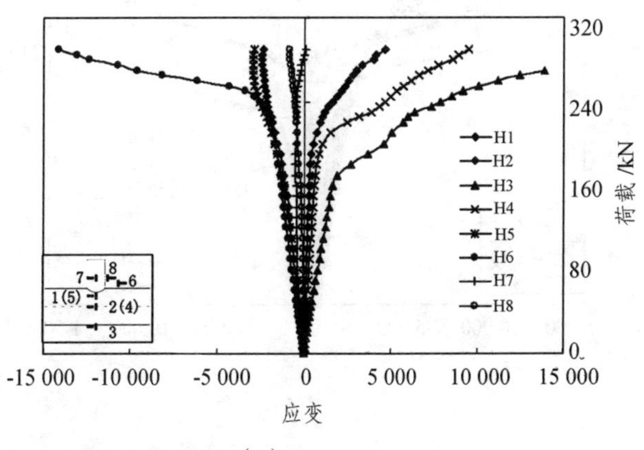

（j）W64-S4

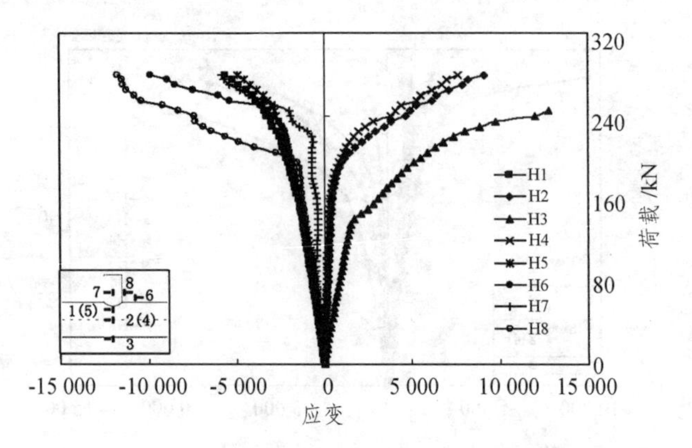

（k）W64-4

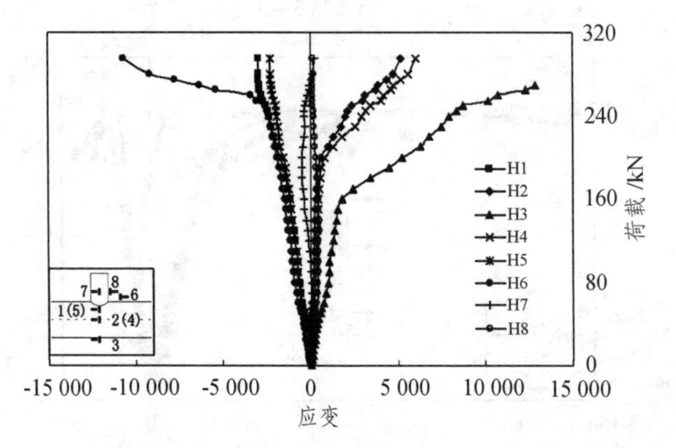

（m）W64-S5

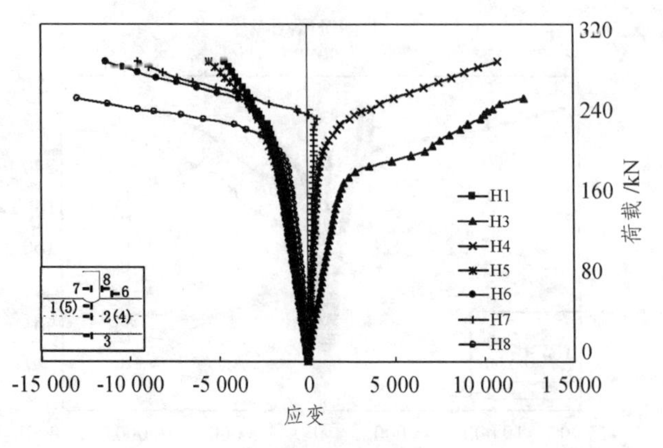

（n）W64-5

图 5-13　荷载-轴向应变关系

图 5-13（a）、（d）与（i）分别为三类空钢管试件的荷载-应变关系。可见，三类空钢管试件三点受弯时跨中截面应变状态与发展规律相似。主要表现为主管压区先屈服并进入塑性状态，而受拉区以及支管均没有发生塑性应变，整个加载过程中一直处于弹性阶段。结果与空钢管试件破坏失效形态一致。

图 5-13（b）与（c）为 W2 类钢管混凝土试件荷载-应变关系，其中 W24-S1 试件支管填充砂浆而 W24-2 支管为空钢管。两个试件在加载过程中支管应变均较小，处于弹性范围内，可见支管形式对该类试件主管应变发展与承载力无影响。与图 5-13（a）中空钢管试件 HW2-1 对比可知，主管灌注混凝土后跨中截面应变发展过程发生了显著变化，受拉区钢管先进入屈服状态，随后截面中心处受拉屈服，最后主管压区屈服。由此可见，混凝土的填充改善了试件应变分布状态，截面整体变形性能提高，拉、压区钢管都充分发挥其材料力学性能。

图 5-13（e）~（h）为 W3 类钢管混凝土试件荷载-应变关系，W30-S1 试件主管灌注普通微膨胀混凝土，W34-S1、W34-2 与 W34-3 试件主管灌注钢纤维微膨胀混凝土，且 W30-S1 与 W34-S1 试件支管中填充砂浆。可见，4 个试件在加载过程中支管均没有发生塑性应变，表明 W3 与 W2 类试件一样，支管灌与不灌砂浆对整体承载力与应变发展影响不大。W34-S1、W34-2 与 W34-3 试件塑性应变位置出现顺序与 W2 类试件相似，依次为：主管下缘受拉（56kN）→中截面处受拉（66kN）→主管顶面受压（74 kN）；而 W30-S1 试件中截面处受拉与主管顶面受压几乎同时屈服：主管下缘受拉（56 kN）→中截面处受拉、主管顶面受压（60 kN）。可见，主管灌注普通微膨胀混凝土时，压区较灌注钢纤维微膨胀混凝土试件提前屈服，且中心截面处受拉屈服荷载也稍有降低。由此说明，核心混凝土中掺加钢纤维，试件承载力与抗弯变形性能较不掺钢纤维试件有所改善。

图 5-13（j）~（n）为 W6 类钢管混凝土试件荷载-应变关系，W64-S4 与 W64-S5 试件支管填充砂浆，而 W64-4 与 W64-5 支管为空钢管。图 5-13（j）与（m）中 W64-S4 与 W64-S5 试件支管在整个加载过程中没有发生塑性应变，试件屈服应变出现顺序依然与 W2 与 W3 类主管灌注钢纤维微膨胀混凝土试件一致，依次为：主管下缘受拉（165 kN）→中截面处受拉（210kN）→主管顶面受压（240 kN）；而图 5-13（kN）与（n）中 W64-4

与 W64-5 试件支管均发生了塑性应变并完全屈服，试件屈服应变出现顺序为：主管下缘受拉（165 kN）→支管轴压屈服（195 kN）→中截面处受拉（210 kN）→主管顶面受压（240 kN）。可见，支主管壁厚比较小，主管壁厚较厚的 W6 类试件整体抗弯承载力与弯曲变形性能与受压支管极限承载力密切相关。

5.4.4 应变沿弦杆截面高度分布规律

图 5-14 为三类试件在各级荷载作用下跨中截面管壁轴向应变沿截面高度的分布状况，选取主管灌注钢纤维微膨胀混凝土、支管填充砂浆的试件作为典型进行分析。

图 5-14（a）为 W2 类（W24-S1）试件跨中截面钢管纵向应变沿截面高度的分布与发展状况。由图可见，压区一直处于弹性应变范围，直至下缘应变片脱落时仍没有塑性应变产生，而拉区与中截面在荷载为 36 kN 与 48 kN 时分别开始发展塑性应变。荷载在 40 kN（P/P_u=60%）范围内，截面变形基本符合平截面假定，荷载超过 40 kN 后拉应变发展迅速，截面应变分布逐渐与平截面假定出现偏差，但偏离幅度不大。另外，由于混凝土抗拉强度相对较低，拉区混凝土过早开裂，截面中和轴从 12 kN 开始逐渐往压区偏移，最后稳定在离上缘 1/5 管径处。

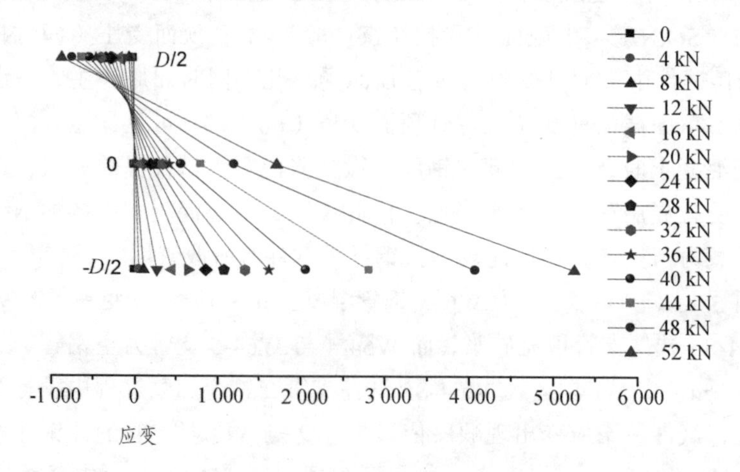

（a）W2 类试件：W24-S1

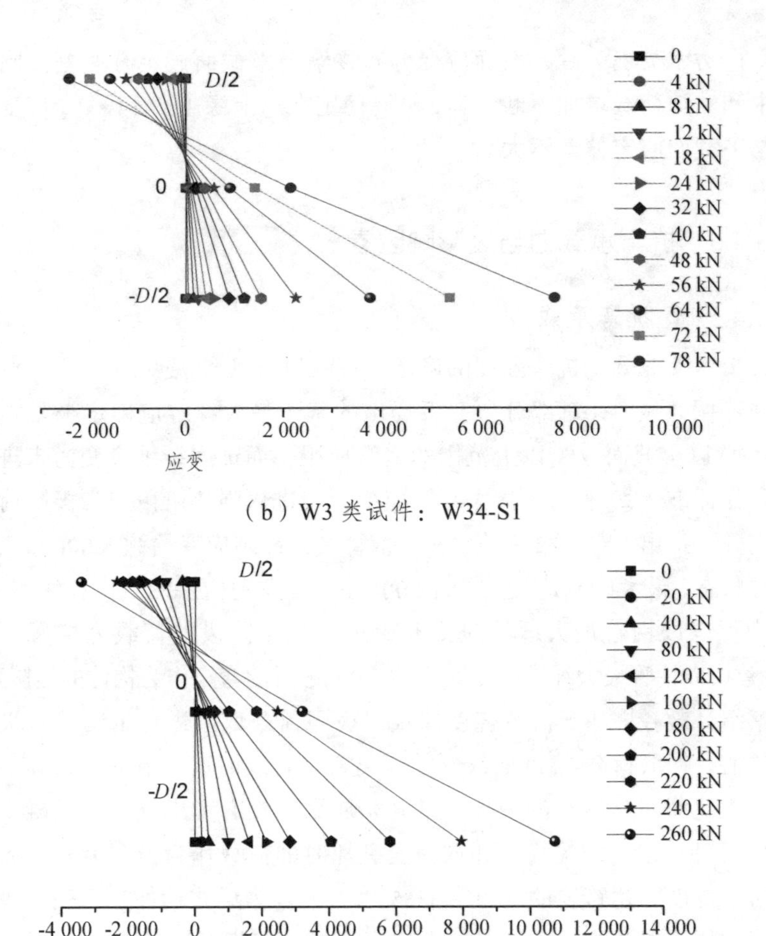

（b）W3 类试件：W34-S1

（c）W6 类试件：W64-S5

图 5-14　钢管混凝土沿截面高度应变分布规律

图 5-14（b）为 W3 类（W34-S1）试件跨中截面钢管纵向应变沿截面高度的分布与发展状况。可见，试件跨中全截面均发生塑性应变，荷载超过 64 kN（P/P_u=65%）后，截面应变分布逐渐与平截面假定出现偏差。同时，截面中和轴随荷载增加不断上移，最终稳定在离上缘 1/4 管径处，应变分布总体与平截面假定偏差不大。

图 5-14（c）为 W6 类（W64-S5）试件跨中截面钢管纵向应变沿截面高度的分布与发展状况。可见，试件跨中截面均发生塑性应变，荷载超过

240kN（P/P_u=75%）后，截面应变分布逐渐与平截面假定有偏差。同样，截面中和轴随荷载增加不断上移，最终稳定在离上缘 1/4 管径处，应变分布总体与平截面假定偏差不大。

5.4.5 抗弯承载力与其影响因素

5.4.5.1 抗弯承载力

关于钢管混凝土抗弯强度的确定，存在以下几种观点：

钟善桐教授[6]针对部分研究者提出的基于最大纤维应确定极限强度的观点：① 以全截面 2/3 以上范围的钢管屈服，而最大纤维应变尚未进入强化极限为标准。② 取钢管最大纤维应变开始进入强化阶段作为极限荷载，其研究分析指出，对于第一种状态，钢管最大纤维应变约为 8 000 με；对于第二种状态，最大纤维应变约为 12 000 με。考虑到构件的工作和使用要求，其认为可以以钢管最大纤维应变开始进入强化阶段的荷载为抗弯极限荷载，并建议以钢管最大纤维应变达到 10 000 με 时的弯矩作为构件的极限弯矩。

蔡绍怀教授[5]基于荷载挠度曲线对极限荷载取值进行了阐述：极限荷载的取值，如取荷载-挠度曲线开始偏离初始直线时所对应的荷载，显然偏低，因为此时只是钢管的最外纤维开始屈服，没有考虑钢管对混凝土的套箍作用而对承载力的提高；如取完全破坏时的荷载作为极限荷载，此时试件的跨中挠度已达跨度的 1/30 ~ 1/15 以上，作为梁式构件，已完全丧失使用功能，作为梁式构件一般以最大挠度不超过其跨度的 1/50 作为承载力极限值。

由于钢管混凝土抗弯工作机理比较复杂，在受拉区，因混凝土抗拉强度不高，在较低荷载时即出现开裂，拉应力主要由钢管承担，但是混凝土能有效限制钢管的横向变形，屈服强度有一定的提高；在受压区，钢管纵向受压，由于有混凝土的限制而径向、环向受拉，混凝土则纵向受压，其横向变形受钢管的约束也处于三向应力状态，从而整体抗压强度提高。然而，在整个截面上，不管受拉还是受压区，应力发展是非均匀的，都是从最外层纤维开始屈服，逐渐向管壁内侧发展延伸，且由于混凝土的开裂，中和轴逐渐向压区偏移，而非均匀套箍约束下钢管混凝土的强度增长与变形规律十分复杂，目前还没有深入的研究。因此关于钢管混凝土的抗弯强度计算十分复杂，对其承载力极限值的取值也没有统一的标准。

本书只对部分试件进行了应力应变测试，且拉区最外缘应变达到 10 000 με 时，荷载-跨中挠度曲线仍基本处于弹塑性阶段，试件未出现任何破坏特征。因此，以钢管最大纤维应变达到 10 000 με 时的荷载作为构件的极限承载力在本试验中偏低。而当跨中挠度达净跨 L_0 的 1/50，即 750/50=15 mm 时，荷载-跨中挠度曲线已进入屈服阶段，且过该点后曲线仍呈上升趋势，直到最终破坏，试件总变形达净跨的 1/30 ~ 1/20。因此，此处采用跨中变形达净跨的 1/50 时荷载值为试件抗弯承载力极值，测试结果如表 5-4 所示。

表 5-4　钢管混凝土抗弯试验测试结果

试件	开始破坏		跨中挠度 L_0/50	极限荷载	最终破坏形态
	荷载/kN	破坏状态	荷载/kN	停机/峰值荷载/kN	
HW2-1	18	主管顶面起皮、轻微凹陷	—	19	主管压区压陷、侧面鼓曲
HW2-2	12		—	13	
HW2-3	15		—	16	
W24-S1	48	主管压区起皮、微鼓	68	71	主管压区鼓屈，拉区钢管开裂
W24-1	44		58	63	
W24-2	48		62	69	
HW3-1	30	主管顶面起皮、轻微凹陷	—	32	主管压区压陷、侧面鼓曲
HW3-2	33		—	35	
HW3-3	26		—	29	
W30-S1	72	主管压区微鼓	89	96	主管压区鼓屈、拉区钢管开裂
W30-1	70		86	93	
W30-2	74		90	98	
W34-S1	74		96	102	
W34-1	60		—	78	
W34-2	76		94	100	
W34-3	78		97	104	
W36-1	78		98	102	
W36-2	76		95	103	

续表

试件	开始破坏		跨中挠度 $L_0/50$	极限荷载	最终破坏形态
	荷载/kN	破坏状态	荷载/kN	停机/峰值荷载/kN	
W38-1	78		96	106	
W38-2	80		98	104	
HW6-1	155	主管顶面起皮、轻微凹陷	—	165	主管压区压陷、侧面鼓曲
HW6-2	160		—	169	
HW6-3	160		—	169	
W60-S1	240	主管微鼓	296	327	主管顶面鼓屈，支管微鼓、掉渣
W60-1	240	支管开始鼓屈	290	330	支管严重压屈
W60-2	240		288	321	
W64-S1	250	主管微鼓	315	361	主管顶面鼓屈，支管微鼓
W64-S2	250		315	362	
W64-S3	250		322	370	
W64-S4	250		310	375	
W64-S5	255		320	374	
W64-1	—		—	324	
W64-2	240		298	315	
W64-3	240	支管开始鼓屈	293	330	支管严重压屈
W64-4	240		296	321	
W64-5	245		296	325	

5.4.5.2 承载力影响因素

1. 支管形式

三类钢管混凝土构件支管灌与不灌砂浆试件整体抗弯承载力对比如图 5-15。可见，支管灌与不灌混凝土对 W2 与 W3 类试件整体承载力没有影响；但对 W6 类试件有一定的影响。W64 系列试件，支管填充砂浆后试件整体承载力（均值）较支管为空钢管试件提高了 7%；W60 系列试件提高了 2.4%。

支管灌与不灌砂浆对试件整体承载力的影响主要取决于支管轴压承载力相对主管三点抗弯承受荷载的强弱。若支管轴压承载力比主管承受抗弯荷载能力强，则试件表现为主管破坏，整体试件的承载力与主管的抗弯承载力一致；反之，则支管先破坏，整体试件的承载力小于主管抗弯承载力。

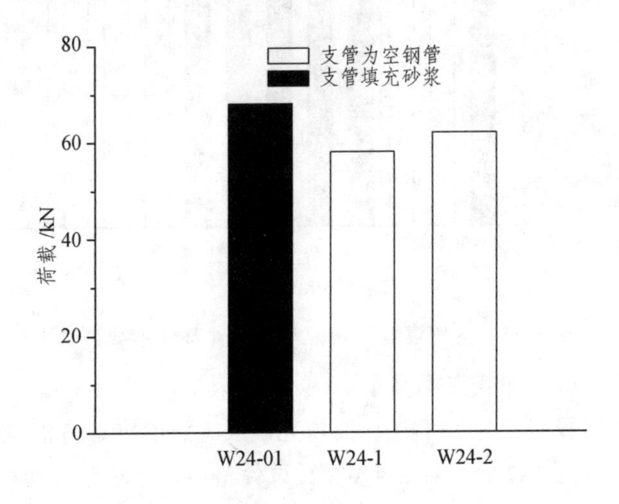

（a）W2 类试件

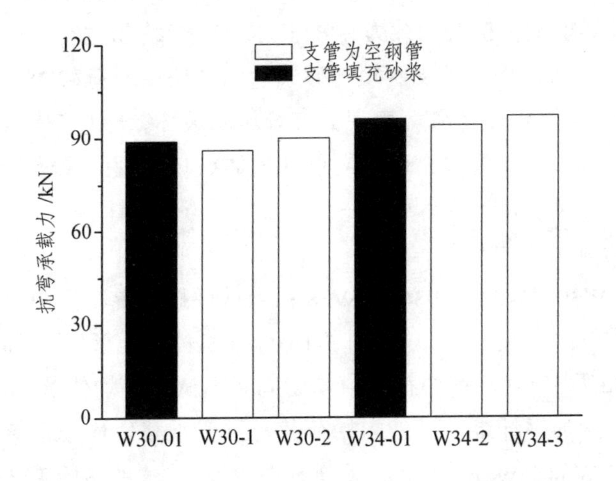

（b）W3 类试件

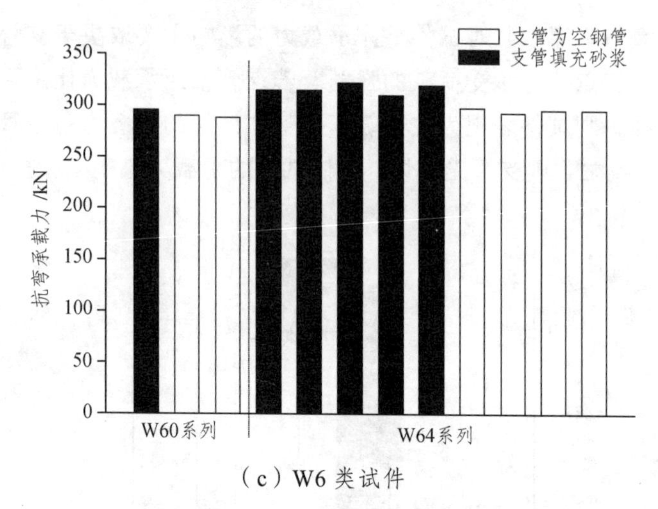

（c）W6 类试件

图 5-15　支管灌与不灌混凝土试件整体承载力对比

本书所有试件加载支管尺寸 $d\times t\times l$ 均为 63.5 mm×3.5 mm×100 mm，空心支管轴压屈服荷载为 188 kN，而填充砂浆（强度按 C60 混凝土算）后其轴压屈服荷载为 387 kN。W2 与 W3 类试件整体抗弯承载力均小于 188 kN，因此支管灌与不灌混凝土对试件整体承载力没有影响。但对于 W6 类试件，主管灌注普通微膨胀混凝土试件抗弯承载力在 295 kN 左右，主管灌注钢纤维微膨胀混凝土试件抗弯承载力在 315 kN 左右，均超过空心支管的轴压屈服荷载值 188 kN，而小于支管填充砂浆后的轴压屈服荷载 387 kN。因此，W6 类空心支管试件整体破坏表现为支管压屈破坏，试件整体承载力小于主管抗弯承载力；若支管填充砂浆则试件整体破坏表现为主管鼓屈失效，试件整体承载力与主管抗弯承载力一致。

2. 核心混凝土中钢纤维掺量

W3 类 W30、W34、W36 与 W38 系列试件核心混凝土中钢纤维掺量分别为 0、40 kg、60 kg 与 80 kg。图 5-16 与图 5-17 为各系列试件初始破坏荷载与抗弯承载力对比（图中荷载值均为同系列试件平均值）。由图可知，核心混凝土中掺加钢纤维后试件初始荷载与抗弯承载力均较不掺钢纤维试件提高，其中 W34、W36 与 W38 系列试件较 W30 试件初始破坏荷载分别提高 5.5%、6.9%与 9.7%，抗弯承载力分别提高 8.4%、9.3%与 9.9%。可见，随钢纤维掺量增加，试件初始破坏荷载逐渐增加，而抗弯承载力变化不明显。

W3 类 W30、W34、W36 与 W38 系列试件核心混凝土中钢纤维掺量分别为 0、40 kg、60 kg 与 80 kg。图 5-16 与图 5-17 为各系列试件初始破坏荷载与抗弯承载力对比（图中荷载值均为同系列试件平均值）。由图可知，核心混凝土中掺加钢纤维后试件初始荷载与抗弯承载力均较不掺钢纤维试件提高，其中 W34、W36 与 W38 系列试件较 W30 试件初始破坏荷载分别提高 5.5%、6.9%与 9.7%，抗弯承载力分别提高 8.4%、9.3%与 9.9%。可见，随钢纤维掺量增加，试件初始破坏荷载逐渐增加，而抗弯承载力变化不明显。

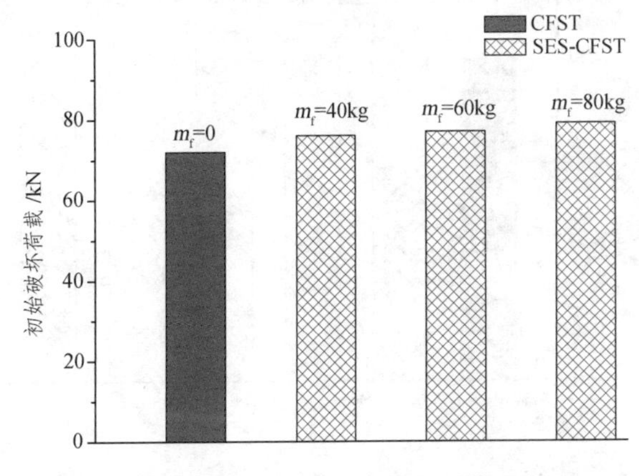

图 5-16　初始破坏荷载与钢纤维掺量关系

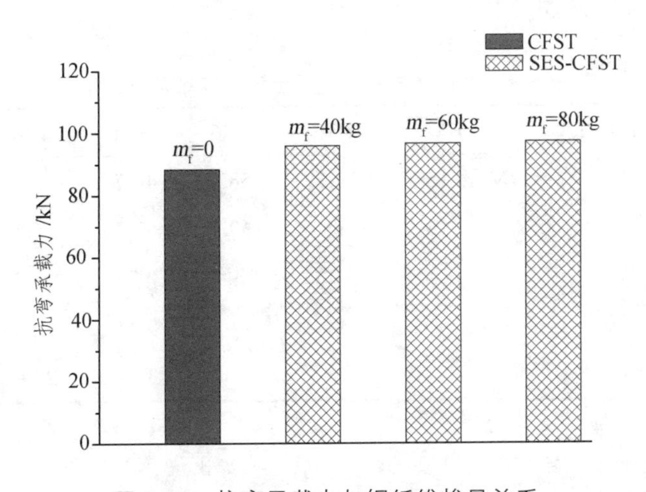

图 5-17　抗弯承载力与钢纤维掺量关系

W6 类 W60 与 W64 系列试件抗弯承载力对比如图 5-18 所示，由于空心支管试件不能准确反映该类钢管混凝土主管抗弯承载力，因此只分析支管填充砂浆的试件。由图可知，核心混凝土中掺加钢纤维（掺量 40 kg）后试件抗弯承载力较不掺钢纤维提高，提高幅度约为 6.9%，而 W34 系列试件抗弯承载力较 W30 系列约提高 8.4%，可见钢管混凝土构件核心混凝土中掺加钢纤维后其承载力提高幅度与截面含钢率有关。

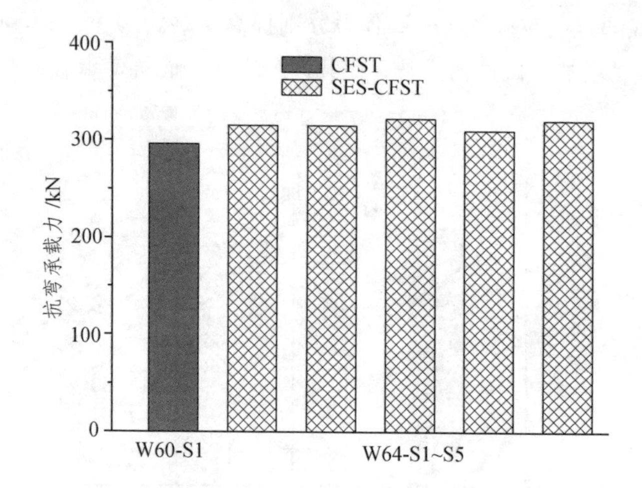

图 5-18　混凝土类型对 W6 类试件抗弯承载力影响

3. 主管灌与不灌混凝土

表 5-5　主管灌与不灌混凝土试件特征荷载对比

试件系列	HW2	HW3	HW6	W24	W34	W64
初始破坏荷载（N_0）/kN	15	29.7	158.7	46.7	76	251
抗弯承载力（N_w）/kN	16	32	167.7	62.7	95.7	316.4
N_0/N_w	0.94	0.93	0.94	0.75	0.79	0.79
N_0^{sc}/N_0^H	—	—	—	3.11	2.56	1.58
N_w^{sc}/N_w^H	—	—	—	3.92	2.99	1.89

注：N_0/N_w —试件初始破坏荷载与抗弯承载力比值；N_0^{sc}/N_0^H —钢管混凝土试件与对应空钢管试件初始破坏荷载比值；N_w^{sc}/N_w^H —钢管混凝土试件与对应空钢管试件抗弯承载力比值。

表 5-5 中分析了 W24、W34 与 W64 系列试件（钢纤维掺量 40 kg）与对应空钢管试件的荷载特征值关系，表中荷载特征值为同类型试件的均值。

可见，主管灌注混凝土后试件初始破坏荷载与抗弯承载力显著提高。另外，还可以看到，W24、W34 与 W64 系列试件初始破坏荷载与抗弯承载力比值较 HW2、HW3 与 HW6 系列大幅降低，表明主管灌注混凝土后试件延性性能大幅提高。

4. 截面含钢率

W24 与 W34 系列试件主管外径一致，壁厚不同，截面含钢率分别为 6.07%与 8.55%，两系列试件抗弯承载力对比如图 5-19。W34 系列试件抗弯承载力均值较 W24 系列试件约提高 52.6%。可见，管径与核心混凝土相同时，截面含钢率越高，构件抗弯承载力越大。

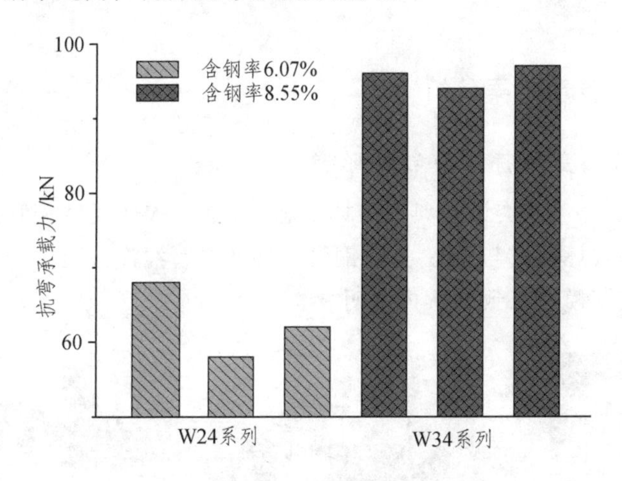

图 5-19 含钢率对承载力影响

另由表 5-5 可知，W24、W34 与 W64 系列试件抗弯承载力较对应空钢管试件分别提高 2.92、1.99 与 0.89。可见，随截面含钢率增加，主管灌注混凝土后较空钢管试件抗弯承载力提高幅度逐渐降低。

5.5 基于 ABAQUS 有限元模拟分析

5.5.1 有限元模型

采用有限元软件 ABAQUS 对试件三点受弯力学性能进行了模拟计算分析，材料本构模型与有限元模型建模方法同第 4.4 节，钢管与核心混凝土均采用八节点线性缩减积分格式的三维实体单元（C3D8R）。为准确了解加载支管与主管连接处应力分布与变形形态，对节点处网格进行了细化，如图5-20所示。图5-21为整体试件有限元计算模型。

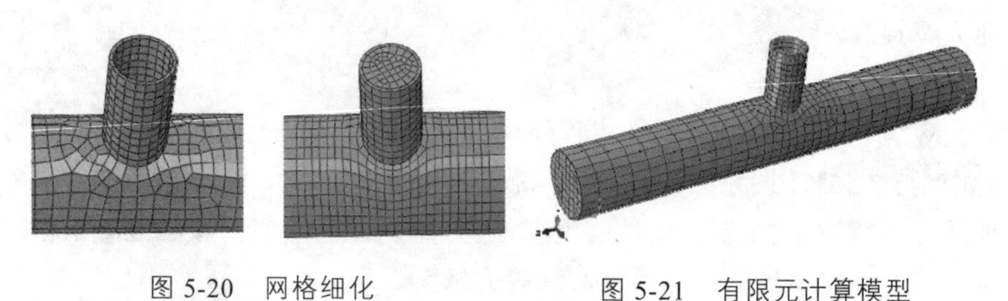

图5-20　网格细化　　　　图5-21　有限元计算模型

5.5.2　计算结果分析

5.5.2.1　变形特征与破坏形态

图5-22为W6类试件典型破坏形态，W2与W3类空钢管试件和钢管混凝土试件破坏模式与W6类空钢管试件和主管灌注混凝土、支管填充砂浆试件的破坏模式一致，不再说明。

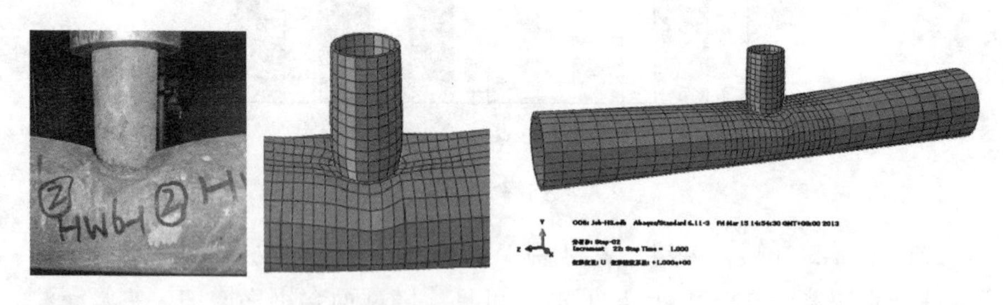

（a）W6类空钢管试件

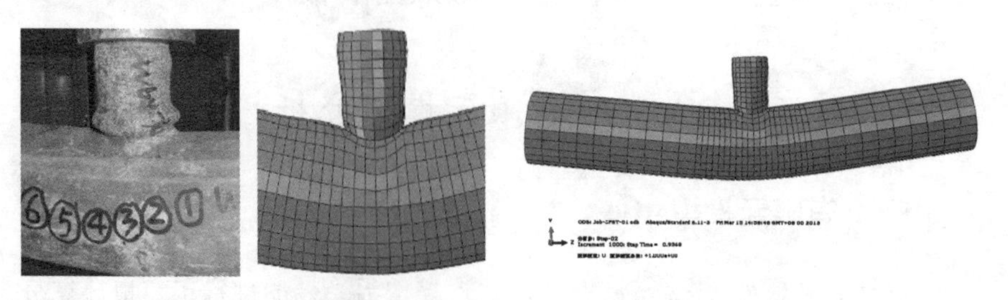

（b）W6类主管灌注混凝土、支管为空钢管试件

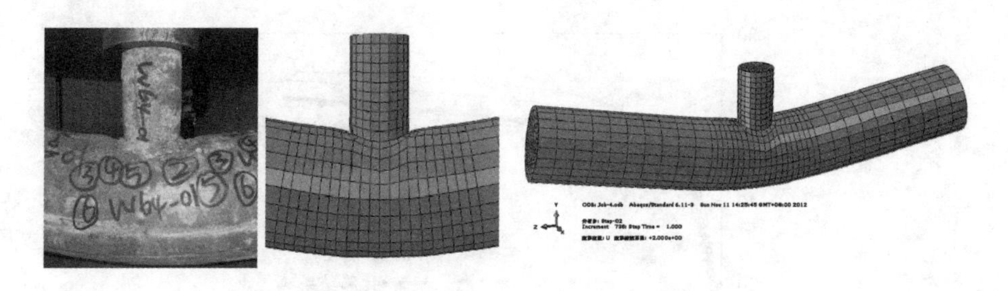

（c）W6 类主灌注混凝土、支管填充砂浆试件

图 5-22　试件典型破坏形态

由图可见，各试件预测破坏模式与试验测试结果基本一致。对于空钢管试件主要是弦管表面压陷、侧面鼓屈，如图 5-22（a），主管弯曲变形很小；主管灌注混凝土而支管为空钢管的试件，主要因支管严重屈曲而破坏，主管变形较小，如图 5-22（b）；主管灌注混凝土、支管填充砂浆的试件，支管未破坏，而主管压区鼓屈，试件整体弯曲变形明显，如图 5-22（c）。

5.5.2.2　荷载-挠度曲线

图 5-23 为荷载-跨中挠度计算曲线与试验值对比。由图可见，在弹性阶段二者吻合较好，当试件进入弹塑性阶段后，计算结果较试验值偏低，且 W64 系列试件二者偏差较 W24 系列与 W34 系列试件小。分析认为，一方面模拟计算中没有考虑钢纤维对混凝土裂缝的抑制和延缓效应，另一方面管内压区混凝土处于非均匀的三向应力状态对承载力有较大的改善，而混凝土本构关系采用单轴应力应变关系模型，因而试件整体进入弹塑性后模拟计算结果偏低，但误差较小，且计算结果总体趋势与测试结果一致。可见，采用有限元模拟计算来分析钢管混凝土的抗弯性能是可行的。

5.5.2.3　应力分布状态

图 5-24 与图 5-25 显示了 W3 与 W6 类试件在极限弯曲破坏时的应力分布状态（W2 类试件计算结果与 W3 系列试件一致，不再阐述）。

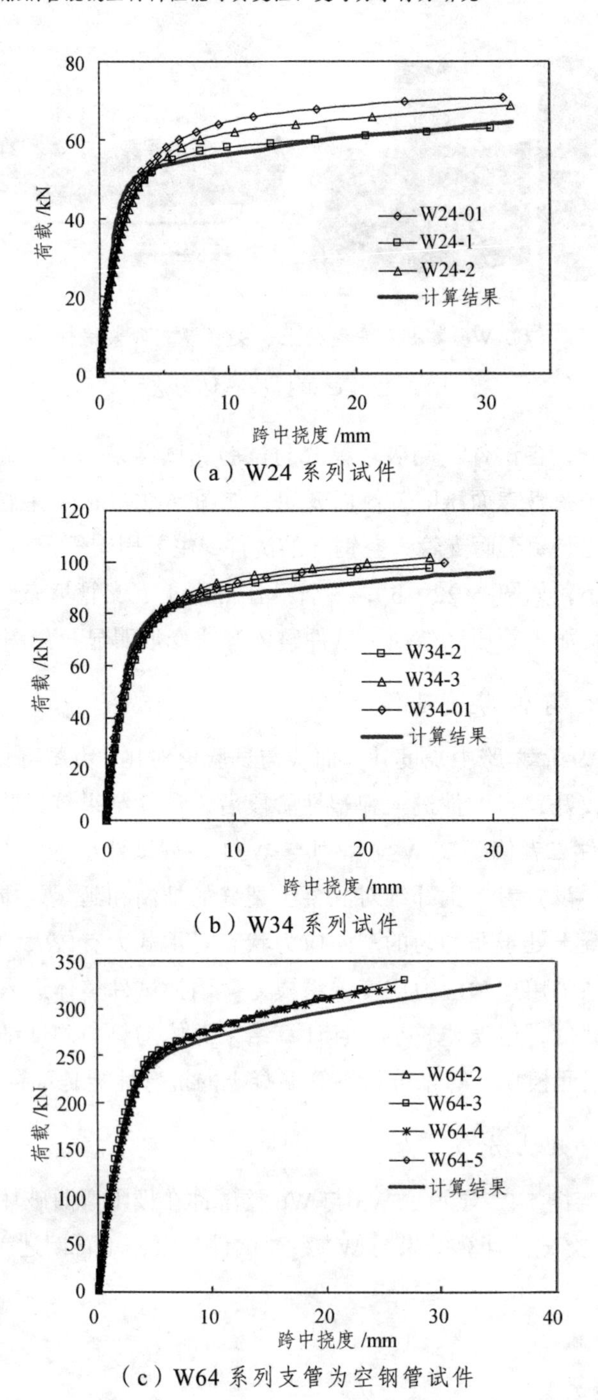

（a）W24 系列试件

（b）W34 系列试件

（c）W64 系列支管为空钢管试件

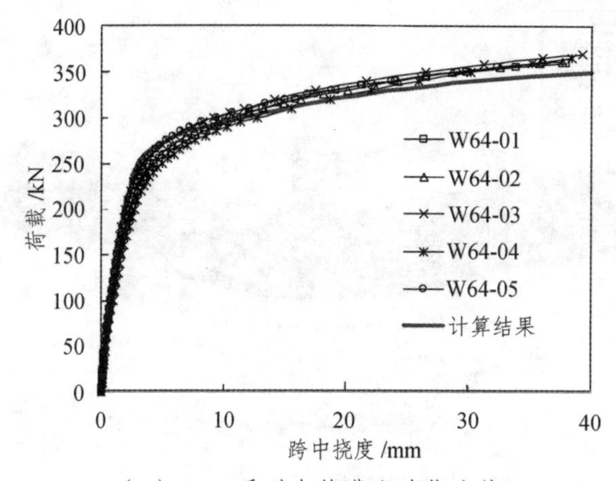

（d）W64 系列支管灌注砂浆试件

图 5-23　荷载-跨中挠度关系曲线

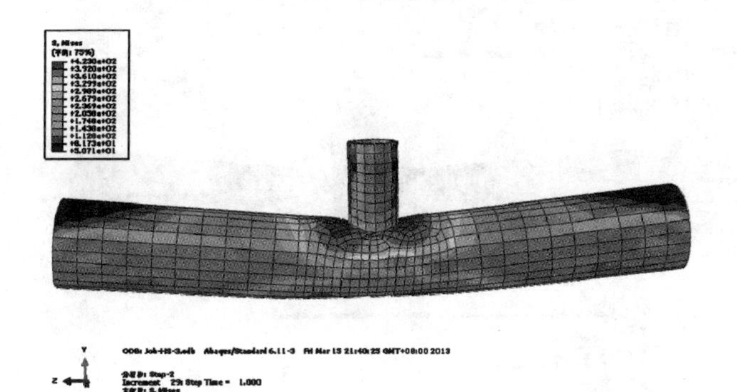

（a）空钢管试件

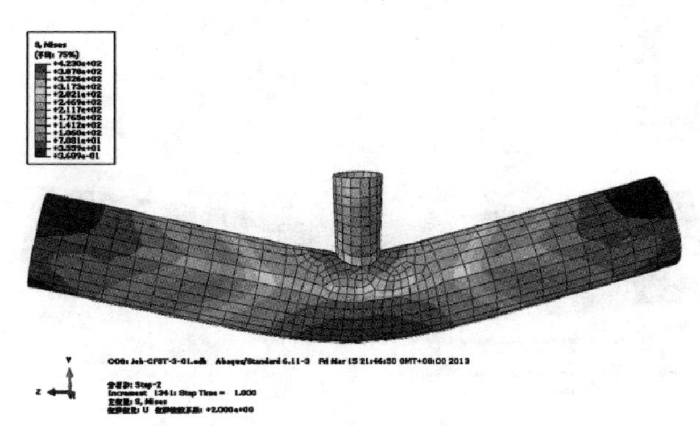

（b）主管灌注混凝土、支管为空钢管

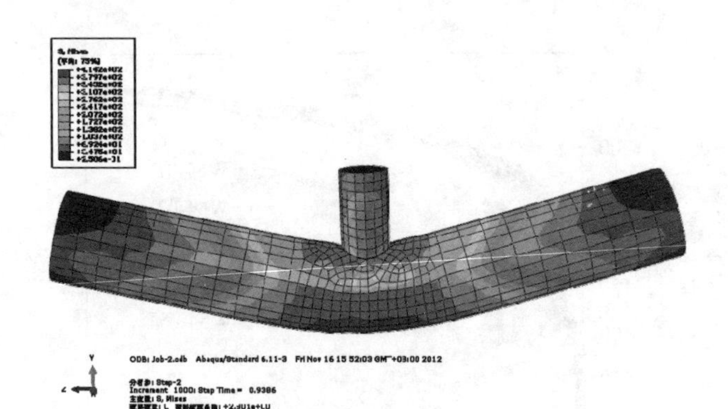

（c）主管灌注混凝土、支管填充砂浆

图 5-24　W3 类试件应力分布状态

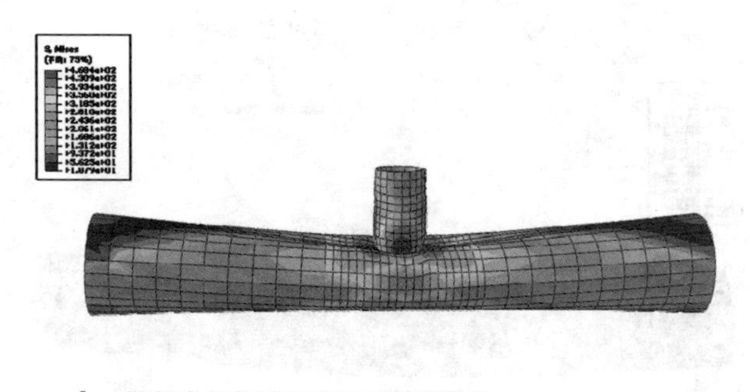

（a）空钢管试件

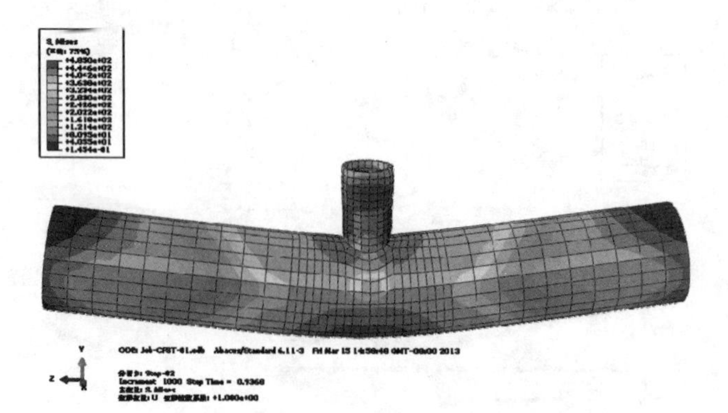

（b）主管灌注混凝土、支管为空钢管

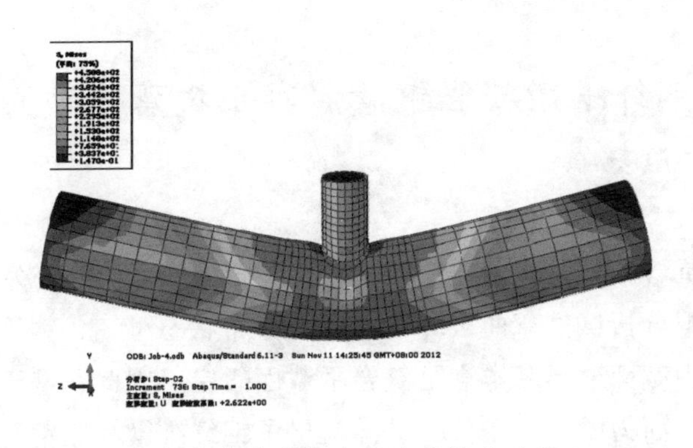

（c）主管灌混凝土、支管填充砂浆

图 5-25　W6 类试件应力分布状态

图 5-24（a）与图 5-25（a）为空钢管试件的应力分布图，由图可见，尽管两类试件主管壁厚不一致，但其空钢管试件弯曲破坏时应力分布状态一致，最大应力均集中在主管受压区，受拉区应力相对较小且处在弹性阶段。而主管灌注混凝土后，试件弯曲破坏时的应力分布较空钢管差异较大，如图 5-24（b）、（c）与图 5-25（b）、（c）所示。此时主管受拉区均发生塑性应变，且 W3 类试件由于截面含钢率低其拉区塑性应变区域较 W6 类试件大，试件上缘压区应力状态因加载支管形式不同而有所差异。对比图 5-24（b）与（c）可以发现，W3 类试件主管壁厚较薄，支主管壁厚比（t/T）较大，支管灌与不灌混凝土其均处于弹性阶段，对主管应力分布影响较小，主管顶面受压区发生塑性应变。但对比图 5-25（b）与（c）可以发现，W6 类试件主管壁厚较厚，支主管壁厚比（t/T）较小，支管为空钢管时，因支管屈服丧失承载力而导致试件破坏，此时主管顶面压区应力较拉区应力小，主管没有达到其抗弯极限；支管填充混凝土后，其轴压承载能力大幅提高，整个过程始终处于弹性阶段，主管顶面压区完全进入屈服状态。计算结果与试验测试结果一致。

可见，与空钢管相比，弦管中灌注混凝土后节点区域的应力状态发生明显变化，支主管连接节点处应力集中有效缓解，截面整体工作性能增强，钢管混凝土构件抗弯承载力与变形性能显著提高。另外，当支主管壁厚比较小时，支管填充砂浆可以避免支管屈曲而影响整体试件的荷载力与变形性能。

5.6 钢纤维微膨胀钢管混凝土抗弯承载力计算方法

由试件抗弯测试过程中应变沿主管跨中截面高度分布与发展规律，以及有限元模拟分析试件弯曲破坏时的应力分布状态可知，钢管混凝土构件在受弯过程中截面变形基本满足符合平截面假定。因此，基于基本假定，根据最不利截面力的平衡条件，推导提出了钢纤维微膨胀钢管混凝土抗弯承载力计算方法。

5.6.1 基本假定

以构件受弯最不利截面为研究对象，基于以下基本假定，对钢管混凝土抗弯承载力进行推导：

（1）平截面假定。

（2）受拉区混凝土对承载力贡献相对较小，可忽略。

（3）构件达到极限抗弯承载力时，在最不利截面上：受拉区钢管达到屈服强度 f_y；受压区考虑钢管对核心混凝土的套箍作用，按照统一理论，组合材料达到屈服强度 f_{sc}。

5.6.2 抗弯承载力计算方法

钢管壁厚 t、外半径 r、内半径 r_0、截面含钢率 α。钢管混凝土构件达到抗弯承载力极限状态时最不利截面上应力分布如图 5-26 所示。图中：f_y 与 f_{sc} 为钢材屈服强度与 SE-CFST 轴压屈服强度；F_s 与 F_{sc} 为拉区钢管与压区 SE-CFST 轴向力；y_s 与 y_{sc} 为拉区钢管与压区 SE-CFST 面积形心到 x 轴的距离；θ 为中和轴处半径与 y 轴夹角。

根据基本假定（2），抗弯承载力 M_u 由拉区钢管承担的弯矩 M_s 与压区 SE-CFST 承担的弯矩 M_{sc} 组成，M_s 与 M_{sc} 可由相应的轴力乘以受力面积形心到坐标轴的距离求得，即：

$$M_u = M_s + M_{sc} = F_s y_s + F_{sc} y_{sc} \tag{5-1}$$

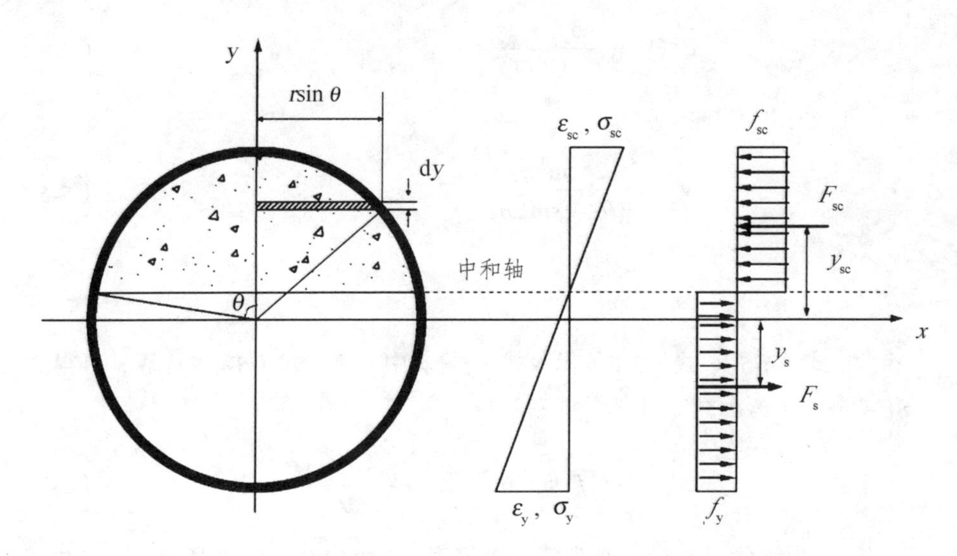

图 5-26　最不利截面应力分布图

由基本假定（3）可知，F_s 与 F_{sc} 可以根据材料屈服强度乘以对应的受力面积得到：

$$F_s = f_y A_s \tag{5-2}$$

$$F_{sc} = f_{sc} A_{sc} \tag{5-3}$$

其中：

$$A_s = 2\pi rt \frac{2\pi - 2\theta}{2\pi} = 2rt(\pi - \theta) = \alpha r^2(\pi - \theta)$$

$$A_{sc} = 2\int r\sin\theta \mathrm{d}y = 2\int r^2 \sin^2\theta \mathrm{d}\theta = r^2(\theta - \sin\theta\cos\theta)$$

根据最不利截面上力的平衡条件：

$$F_s = F_{sc}$$

将式（5-2）与式（5-3）代入上式有：

$$f_y \alpha r^2(\pi - \theta) = f_{sc} r^2(\theta - \sin\theta\cos\theta)$$

$$\frac{\theta - \sin\theta\cos\theta}{\pi - \theta} = \alpha \frac{f_y}{f_{sc}}$$

求解上式得：

$$\theta=(1-\frac{3f_{sc}}{4f_{sc}+2\alpha f_y})\pi \tag{5-4}$$

由文献[6]可知：

$$y_{sc}=\frac{2r\sin^3\theta}{3(\theta-\frac{1}{2}\sin 2\theta)} \tag{5-5}$$

$$y_s=\frac{r\sin\theta}{\theta} \tag{5-6}$$

将式（5-5）、式（5-6）代入式（5-1）中，θ按式（5-4）计算，可得到SE-CFST抗弯承载力计算公式：

$$M_u=\frac{2}{3}r^3f_{sc}\sin^3\theta+r^3\alpha f_y\frac{(\pi-\theta)\sin\theta}{\theta} \tag{5-7}$$

式中：r为钢管半外径；α为截面含钢率；θ为中和轴处半径与y轴夹角，按式（5-4）计算；f_{sc}（SE-CFST组合抗压强度）按下式计算[8]：

$$f_{sc}=(1.14+1.02\xi)f_{ck}$$

式中：f_{ck}为钢纤维微膨胀混凝土抗压强度标准值，ξ（$\xi=\alpha\frac{f_y}{f_{ck}}$）为套箍系数。

按本书推导公式计算 SE-CFST 抗弯承载力与试验测试结果对比如表5-6，表中M_u^c为计算结果，M_u^e为按试验测试荷载换算结果（$M_u^e=\frac{Pl_0}{4}$，$l_0=725\ \text{mm}$）。可见计算结果与测试值吻合较好，误差在6%以内，说明推导公式可靠性好，能较好的预测SE-CFST极限抗弯承载力。

表5-6　抗弯承载力对比

$D\times t$ /mm	f_y /MPa	f_{ck} /MPa	f_{sc} /MPa	M_u^c / kN·m	M_u^e / kN·m	M_u^c / M_u^e
113×1.64	336.05	64	90.7	12.0	11.4	1.057
113×2.27	386.01	64	102.3	17.0	17.3	0.980
127×5.95	390.25	64	158.6	54.3	57.3	0.947

5.7　本章小结

进行了 27 个钢管混凝土试件以及 9 个空钢管试件的抗弯性能试验，结合有限元计算分析，研究钢纤维微膨胀钢管混凝土在三点受弯时的变形形态、破坏模式与应变分布状态，并探讨了主管截面含钢率、支管内灌与不灌混凝土以及核心混凝土中钢纤维的掺加对钢管混凝土试件抗弯承载力与工作性能的影响，得到主要结论如下：

（1）三点受弯时，空钢管试件破坏主要表现为主管压区塑性失效，整体弯曲变形很小。支主管壁厚比较大时，钢管混凝土试件主要由于主管压区鼓屈、拉区开裂而失效，整体弯曲变形较大。支主管壁厚比较小时，如支管为空钢管则主要因支管受压屈曲而失效，整体弯曲变形较小；支管灌注混凝土后其主要表现为主管压区鼓屈失效，整体弯曲变形明显。

（2）钢管壁厚越薄，试件焊接质量越不容易控制，空钢管试件的抗弯承载力差异越大，混凝土的灌注能明显降低试件抗弯承载力的差异，有效缓解钢管焊接因素对承载力的不利影响。

（3）混凝土的灌注改善了试件截面应力分布状态，截面变形基本符合平截面假定，钢管受压与受拉力学性能得到充分发挥。核心混凝土中掺加钢纤维后，阻止裂缝扩展与延伸，分散主裂缝处应力，避免贯通缝的形成，混凝土抗弯拉性能提高，截面应变分布均匀，屈服荷载随钢纤维掺量增加而提高，截面整体抗弯工作性能增强。

（4）空钢管中灌注混凝土后其抗弯承载力与刚度有明显提高，提高幅度随截面含钢率增加而减小。钢纤维微膨胀钢管混凝土试件抗弯承载力较空钢管试件一般提高 80%～290%，较普通钢管混凝土试件一般提高 6%～10%。

（5）根据最不利截面上力的平衡，推导了钢纤维微膨胀钢管混凝土的极限抗弯承载力计算公式，计算结果与试验测试结果吻合较好。

第6章　钢纤维微膨胀钢管混凝土桁架梁抗弯性能研究

6.1　引　言

第4章与第5章研究了钢纤维微膨胀钢管混凝土构件轴拉与抗弯性能，本章主要探讨弦管灌与不灌混凝土钢管桁架梁式结构的抗弯承载力、变形性能以及整体与节点破坏形态区别，研究钢管桁架梁式结构弦管灌注混凝土后的抗弯工作性能与影响因素，同时对比钢管混凝土构件在整体结构中的受拉与受弯工作状态与构件模型试验表现的工作性能的差异。

6.2　试验概况

6.2.1　试验设计

根据依托工程结构特征，考虑试验设备与场地条件，选取如图6-1所示的Warrant桁架模型为研究对象。模型试件因弦管尺寸不同分为两种类型，以分析弦管截面含钢率对钢管混凝土桁架梁抗弯性能的影响。其中，模型一弦管$D×T$为127 mm×5.95 mm、模型高677 mm，模型二弦管$D×T$为113 mm×2.27 mm、模型高613 mm。两类模型腹杆$d×t$均为63.5 mm×3.5 mm，上、下弦杆长分别为1 600 mm与2 300 mm。每类模型包含两个试件：钢管混凝土桁架与空钢管桁架，对比分析其抗弯工作性能与破坏形态差异。由于模型二弦管壁厚较薄，为避免空钢管桁架试件加载点处过早屈曲导致试件破坏而将其上弦管灌注混凝土，主要考察下弦管以及其与腹杆连接节点的破坏模式。模型一的两试件记为D6-0与D6-2，其中D6-0表示上下弦管为空钢管，D6-2表示上下弦管均灌注混凝土；模型二的两试件记为D3-1与

D3-2，其中 D3-1 表示上弦管灌注混凝土、下弦管为空钢管，D3-2 表示上下弦管均灌注混凝土，各试件详细特征参数见表 3-15（表中，“HS”表示弦管为空钢管；“SE-CFST”表示弦管为钢纤维微膨胀钢管混凝土，钢纤维掺量 40 kg）。

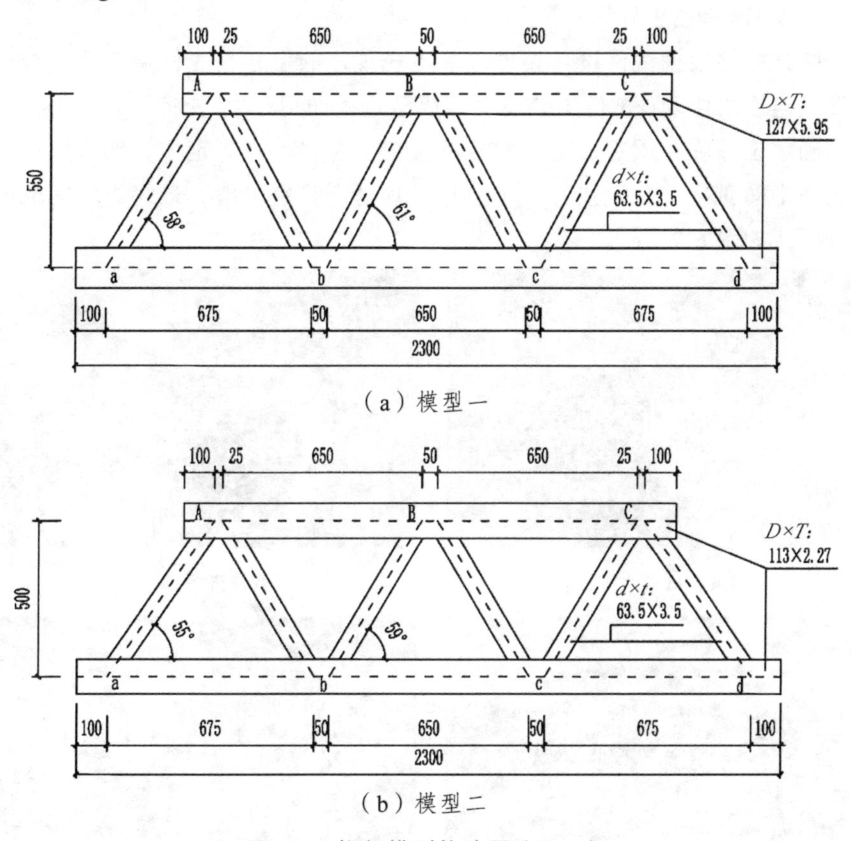

（a）模型一

（b）模型二

图 6-1　桁架模型构造图（/mm）

表 6-1　桁架模型试件特征参数

编号	$D\times T$ /mm	H /mm	高跨比	$d\times t$ /mm	D/T	d/D (β)	t/T	弦管类型	
								上弦	下弦
D6-0	127×5.95	677	0.334	63.5×3.5	21.3	0.5	0.59	HS	
D6-2	127×5.95	677	0.334	63.5×3.5	21.3	0.5	0.59	SE-CFST	
D3-1	113×2.27	613	0.307	63.5×3.5	49.8	0.56	1.54	SE-CFST	HS
D3-2	113×2.27	613	0.307	63.5×3.5	49.8	0.56	1.54	SE-CFST	

6.2.2 试件制作与成型

钢管材料力学性能参见第 5.2.2 节。主管核心混凝土采用钢纤维微膨胀混凝土，强度等级 C60，钢纤维掺量为每方 40 kg，混凝土配合比与力学性能参见本书第 3.2.2 节。

所有杆件根据试件设计要求先加工成规定的尺寸，腹杆端面按与弦管相贯线连接线切割。试件组装与浇筑成型过程如图 6-2，先将弦管在工作台上准确定位并临时固定，定出腹杆的位置，并将其点焊定位，然后从试件两边往中间对称交替焊接每一个节点，焊缝需打磨顺滑，最终组装完成的钢管桁架如图 6-2（c）。

（a）杆件定位

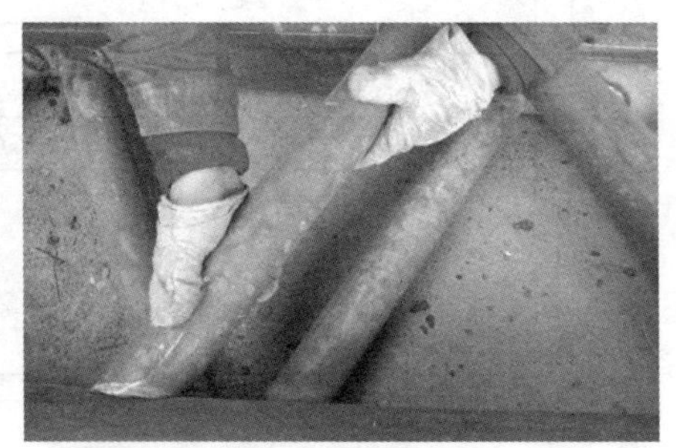

（b）拼装焊接

（c）组装完成的钢管桁架

（d）混凝土灌注

图 6-2　桁架试件组装与浇筑成型过程

弦管混凝土浇筑前先将管内用清水润湿，然后将试件一端的上、下弦管端口用小铁块点焊临时封堵。混凝土灌注时，将试件倾斜放置，如图 6-2（d）所示，从另一端慢慢分层灌注，用木锤敲击管壁并用细长钢筋插捣以免混凝土内形成气囊，待混凝土初凝后再将端面补平，且用塑料膜包扎密封养护。

6.2.3　试验装置与测试方法

6.2.3.1　试验装置

采用 MTS 系统进行加载，座动器 1 000 kN，反力架 2 000 kN，如图 6-3 所示，在试件跨中上弦节点处进行单点加载，桁架梁三点受弯，试件计算跨度 L_0 为 2 000 mm。由于桁架弦管为圆形截面，为加载稳定，根据弦管外径尺寸制作了相应的鞍形支座，如图 6-3（c）。准确调整试件垂直度与水平度后，将一端支座与试件点焊临时固定，另一端简支。试件加载端采用与试件同类型的支座反扣在上弦中节点处，并通过连接转换装置与座动器连接，如图 6-3（b）。自制钢框架侧限装置以约束试件平面外转动，其对称布置在试件上弦管两端处，如图 6-3（a）所示，将试件夹紧，底边与地板锚固。侧限装置安装前，在其与试件有接触的侧边粘结四氟板，减小与试件的摩擦，保证试件竖向变形。

（a）试验装置全景

（b）试验装置正面

（c）试验装置侧面

图 6-3　钢管混凝土桁架抗弯试验装置

6.2.3.2　测试内容与方法

主要测试内容包括：① 抗弯承载力；② 弦管弯曲变形；③ 整体与节点破坏形态；④ 关键截面应变分布状态与发展规律。

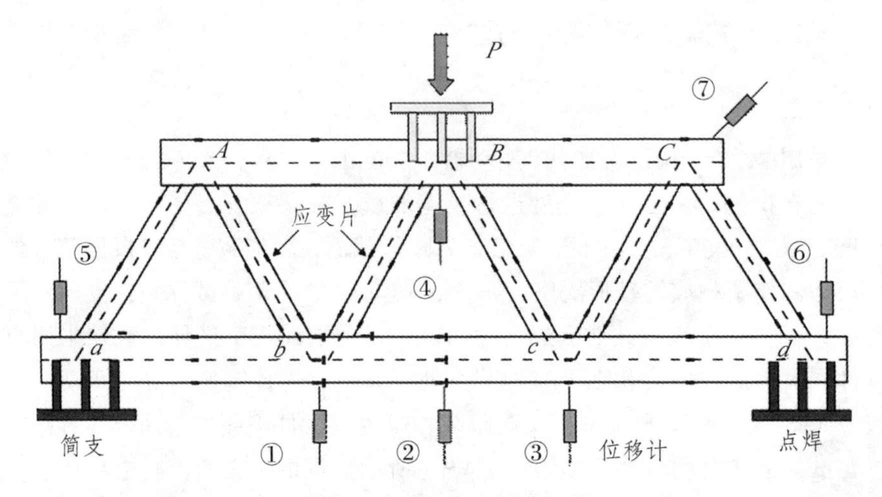

图 6-4　抗弯试验测试示意图

桁架梁抗弯试验示意图如图 6-4 所示。位移计与应变片的布置方案如下：

1. 位移计布置

共布置 7 只位移计：①～③号位移计竖向布置在下弦的跨中与两个中节点处，测试试件沿跨度方向的挠度变形规律；④号位移计竖向布置在上弦中节点处，测量上弦跨中变形，并与②号位移计对比研究上下弦杆变形协调性；⑤、⑥号位移计竖向布置在两支座顶面，测量支座沉降以对试件挠度进行修正；⑦号位移计水平布置在上弦端点处，监控平面外变形，避免变形过大加载失稳。

2. 应变片布置

下弦：在中节点处与各节间中截面布置应变片，每个截面上间隔 90°设置一个测点，中跨跨中截面与其中一个中节点处每测点粘贴轴向、环向应变片各 1 只，其他截面每测点只粘贴 1 只轴向应变片。

上弦：在两个边节点与节间中截面的上下缘布置测点，每测点粘贴 1 只轴向应变片。

腹杆：腹杆应变片布置在其两端距弦管约 50 mm 处以及中截面处，选取半跨腹杆每个截面在试件平面内方向对称的布置 2 个沿轴向的应变片，另半跨腹杆每个截面只在一边布置轴向应变片。

荷载由加载系统自动监控与记录，位移与应变均由 JM3812 静态电阻应变仪进行采集记录，并通过加载控制系统实时绘制出荷载-跨中挠度变形曲线以及关键测点的荷载-应变关系曲线。

6.2.3.3　加载方案

测试前预加载，消除试件与加载设备之间、试件与支座间等接触点之间的间隙，同时检查传感器与数据采集系统的工作情况以及试件的对中情况。预加载值取试件预计极限荷载的 10%，持荷约 10 min，然后卸载，仪器调零。

正式加载采用力与位移双控模式。加载初期，采用力控制，分级加载，每级荷载取预计极限荷载的 1/10，荷载-跨中挠度曲线开始出现非线性特征后荷载等级取为预计极限荷载的 1/15，每级荷载持荷 2 min，观察各级荷载作用下试件的变形形态、破坏特征以及关键点应变发展趋势。荷载-跨中挠度曲线非线性特征十分明显后，加载控制方式转换为位移控制，连续持续加载，直至杆件严重屈曲或节点焊缝开裂以致承载力急剧下降时停机卸载。

6.3　试验过程与测试结果

6.3.1　试验过程与试验现象

1. 试件 D3-1

试件 D3-1 上弦管灌注混凝土，下弦管为空钢管，图 6-5 为其荷载-跨中挠度关系曲线，破坏过程如图 6-6。可见，试件破坏主要集中在下弦节点处，上弦无明显破坏特征。加载初期，上下弦管变形一致，荷载-跨中挠度曲线均呈线性增长。荷载增加到 60 kN 左右（$P/P_u \approx 45\%$，P_u 为荷载最大值）时，下弦管两边腹杆节点处突然压陷屈曲，如图 6-6（a）所示，图 6-5 荷载-挠度曲线出现拐点，试件进入屈服阶段。荷载增加到 80 kN 左右（$P/P_u \approx 60\%$）时，下弦边节点压陷更加明显，中间节点处压区开始压陷屈服、拉区出现鼓凸【如图 6-6（b）】，且图 6-5 中上下弦杆挠度变化开始出现明显不一致。荷载继续增加，下弦各节点处压陷变形更加显著，节点受拉区明显鼓屈。最后，靠简支支座一端的中节点两腹杆间弦管撕裂，如图 6-6（c）所示，试件承载力急剧下降而卸载。整体破坏形态如图 6-6（d），下弦管完全失效，上弦弯曲变形明显，但腹杆较完好。

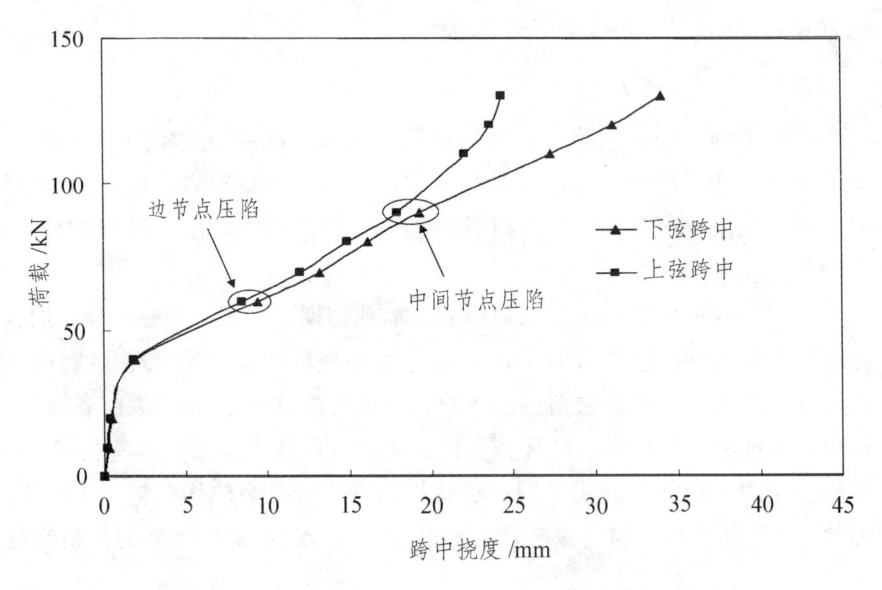

图 6-5　试件 D3-1 荷载-跨中挠度关系曲线

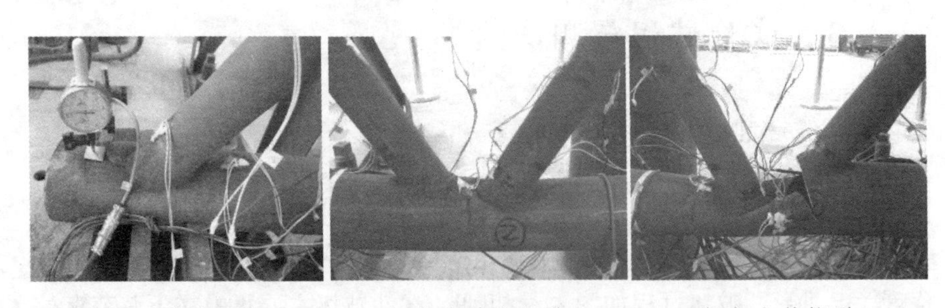

（a）边节点压陷　　（b）中节点压陷　　（c）主管撕裂

（d）试件最终破坏形态

图 6-6　试件 D3-1 破坏过程

2. 试件 D3-2

试件 D3-2 上、下弦管均灌注混凝土，图 6-7 为其荷载-跨中挠度关系曲线，破坏形态如图 6-8。试件整体弯曲变形较小，破坏主要表现为下弦节点受拉区弦管撕裂。从由图 6-7 可以看到，上、下弦杆挠度变形在弹性阶段较一致，试件表现出较好的整体变形特征。荷载增加到 240 kN 时（$P/P_u \approx 85\%$），上下弦杆挠度变化出现不同步，外侧腹杆起皮，下弦中节点腹杆周围弦管颜色变深，局部钢管开始发生塑性应变。荷载继续增加，下弦一中节点弦杆沿受拉腹杆周边突然撕裂，如图 6-8（a）所示。此时，试件承载力急剧下降，而油源无法立即卸载导致靠弦管拉裂一端加载点下缘开裂，同时该侧边腹杆底部内侧也拉裂，如图 6-8（b）与（c）。图 6-8（d）为试件整体破坏形态，上下弦管整体弯曲变形均较小，最大挠度 9.3 mm，不到计算跨度 L_0（L_0=2 000 mm）的 1/200。

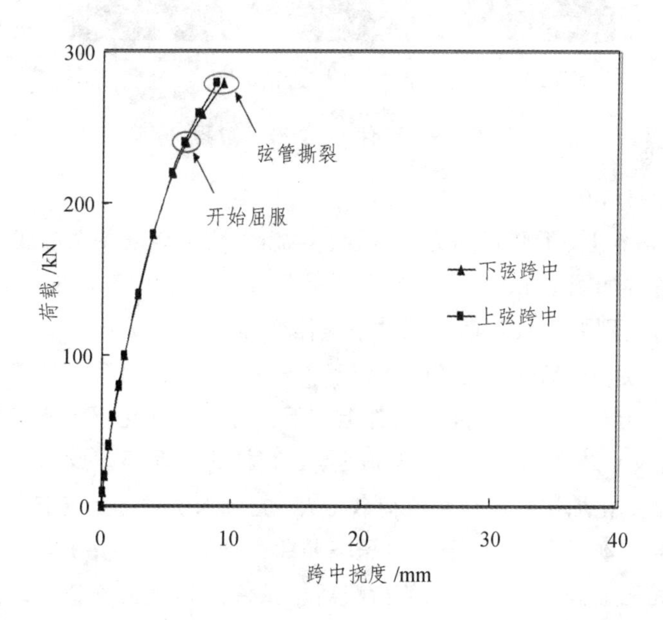

图 6-7　试件 D3-2 荷载-跨中挠度关系曲线

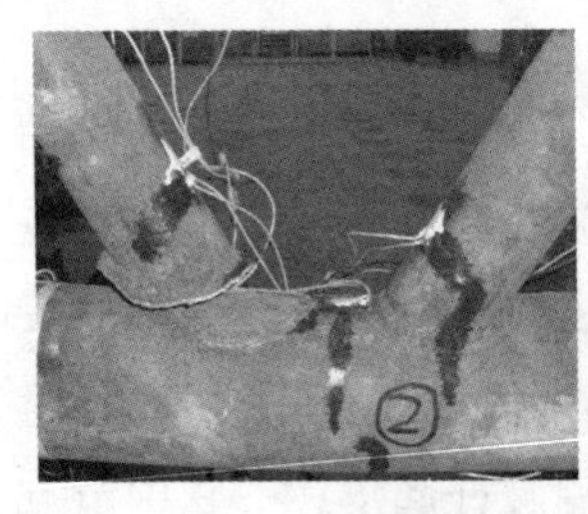
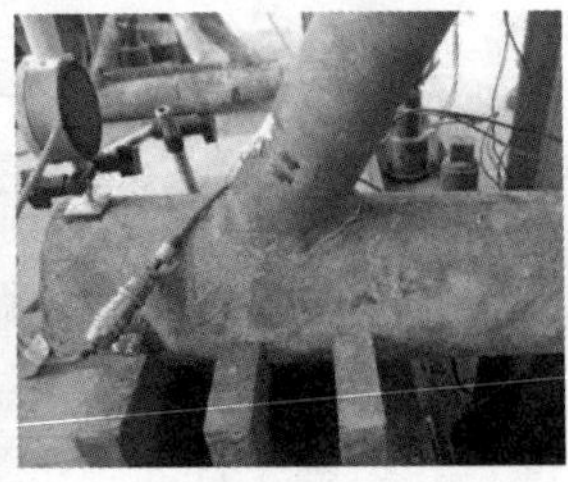

（a）中节点弦杆拉区撕裂（b）边节点内侧焊缝开裂 （c）加载点外侧下缘开裂

（d）试件整体破坏形态

图 6-8 试件 D3-2 破坏过程

3. 试件 D6-0

试件 D6-0 上、下弦管均为空钢管，其荷载-跨中挠度关系曲线如图 6-9，破坏发展过程如图 6-1。其破坏也主要是节点处弦杆压陷，与 D3-1 类似，但二者也有差别。加载初期，试件呈整体变形，图 6-9 中上、下弦杆挠度变化基本一致。荷载达到 200 kN（ $P/P_u \approx 55\%$ ）时，加载点处弦杆开始压陷，如图 6-10（a）所示，随后试件上、下弦杆挠度变化逐渐不同步。荷载达到 300 kN（ $P/P_u \approx 85\%$ ）时，加载点处弦杆压陷明显。此后，荷载增长减缓而挠度变化加快。达到峰值荷载（ P_u=355 kN）时，上弦节点压陷值接近弦管外径 1/4，下弦外侧节点也压陷屈曲，如图 6-10（b）与（c），但下弦中节点无明显破坏特征。峰值荷载后，试件开始丧失承载力，荷载缓慢下降，下弦挠度变化很小，而加载点弦管压陷持续快速增长，由于压陷变形过大而停机卸载。试件整体破坏形态如图 6-10（d），加载点下缘压陷严重，下弦外侧节点有较小压陷而中节点处无明显破坏特征，上、下弦管整体弯曲变形均不大。

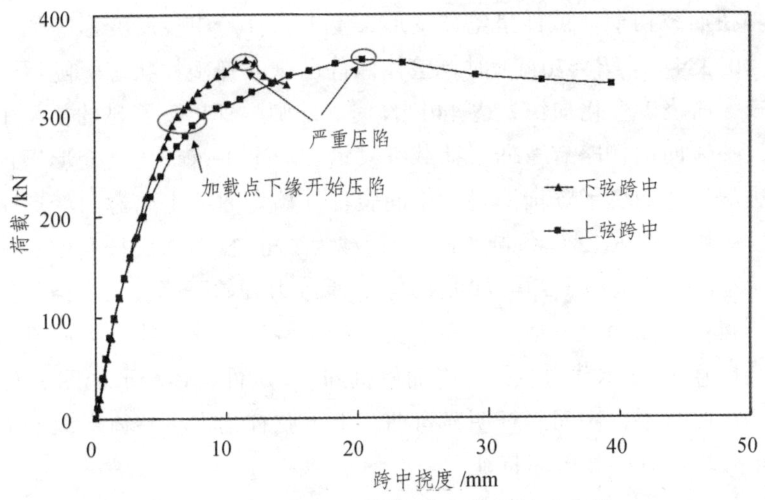

图 6-9　试件 D6-0 荷载-跨中挠度关系曲线

(a) 上弦加载点处节点压陷

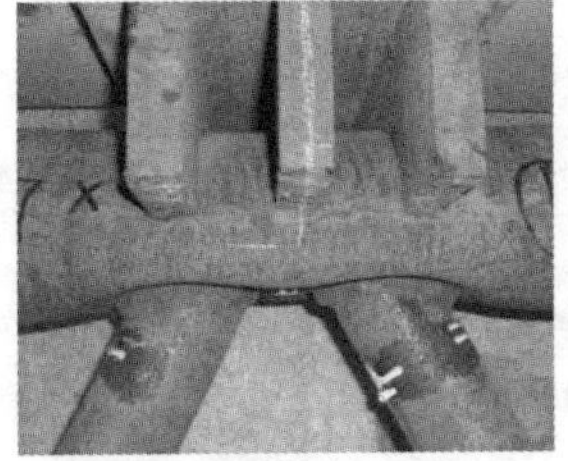

(b) 加载点节点严重压陷

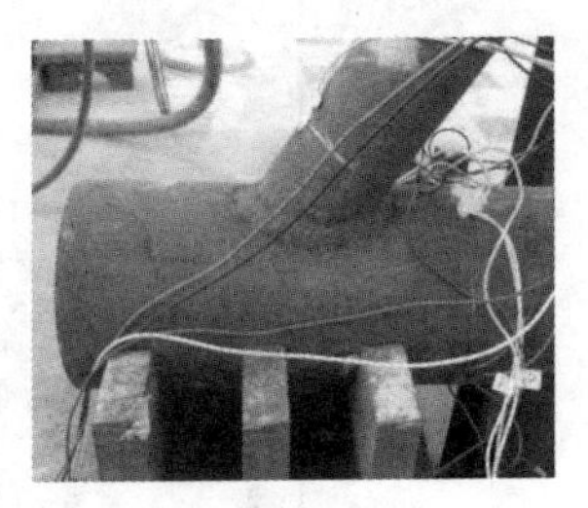

(c) 下弦边节点处压陷

(d) 试件整体破坏形态

图 6-10　试件 D6-0 破坏过程

4. 试件 D6-2

试件 D6-2 上、下弦杆均灌注混凝土，图 6-11 为其荷载-跨中挠度关系曲线，破坏发展过程如图 6-12。其破坏主要为腹杆屈曲，弦杆无明显破坏特征。在加载初期，试件呈整体变形，上下弦杆跨中挠度变形一致。荷载达到 400 kN（$P/P_u \approx 70\%$）时，整体试件已进入弹塑性状态。随后，荷载增长减缓而挠度变化加快，达 440 kN 时，外侧腹杆出现明显的吕德尔斯滑移线且整体向内侧略有弯曲。荷载继续增加，上下弦杆挠度变形出现不一致，边腹杆弯曲变形逐渐明显，中间腹杆开始弯曲，上弦弯曲变形明显比下弦发展快，图 6-12（a）与（b）为荷载为 520 kN 时边腹杆和中间腹杆的变形状态。峰值荷载（P_u=580 kN）后，承载力开始下降，弦杆挠度仍继续增加，腹杆弯曲明显。最后，靠简支支座一侧边腹杆弯曲过大而折断，如图 6-12（c），试件承载力急剧下降而停机卸载。试件整体变形如图 6-12（d），边腹杆弯曲折断，中间腹杆明显弯曲，上下弦杆均发生整体弯曲变形，弦杆节点处均没有明显破坏特征。

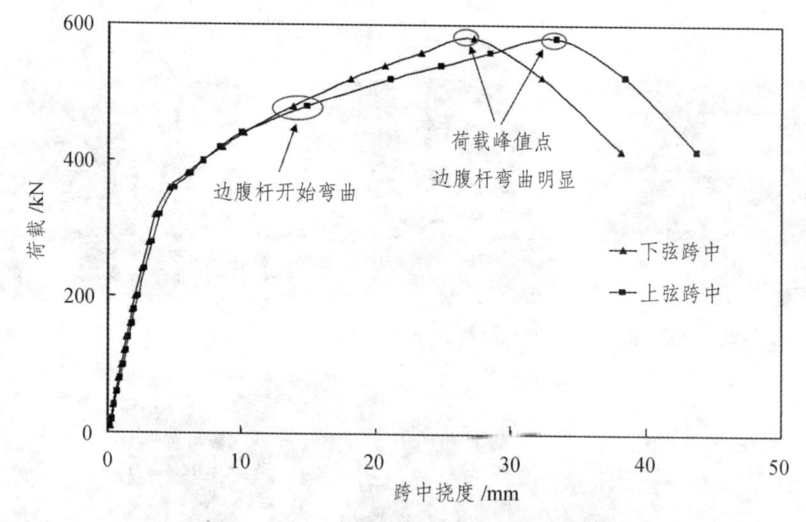

图 6-11　试件 D6-2 荷载-跨中挠度关系曲线

（a）边腹杆弯曲

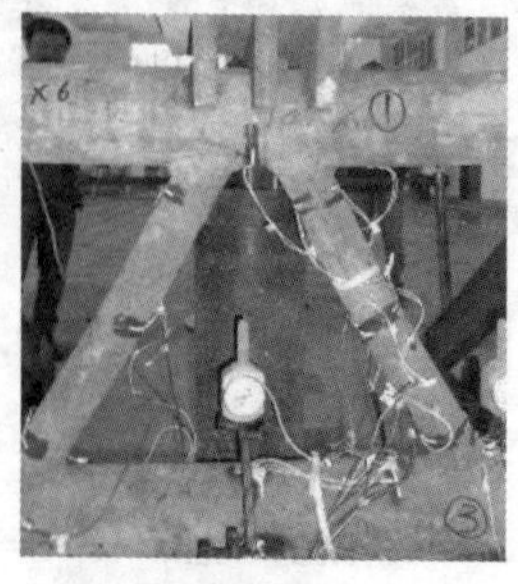

（b）中间腹杆弯曲

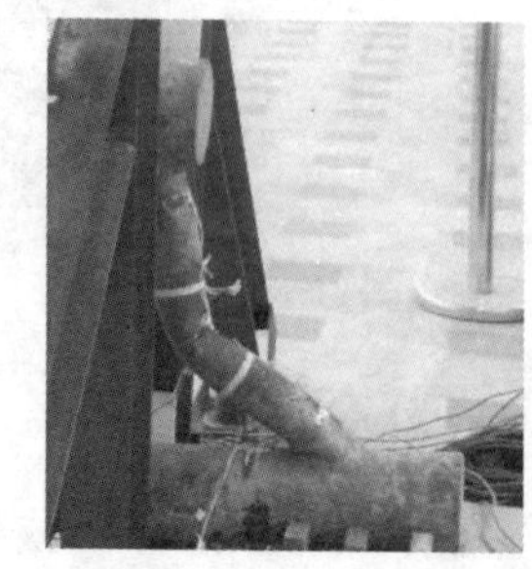

（c）边腹杆弯曲折断

（d）试件整体破坏形态

图 6-12　试件 D6-2 破坏过程

6.3.2　试验结果

测试结果如表 6-2，表中“初始破坏”指试件开始出现可见破坏特征。由于结构参数与弦杆混凝土灌注状况不同，试件承载力与破坏形态差异明显。

表 6-2　桁架梁抗弯试验测试结果

试件	初始破坏		极限荷载/kN	最终破坏形态
	荷载/kN	破坏形式		
D3-1	60	下弦边节点弦管压陷	130	下弦节点弦管压陷、腹杆间隙弦杆扯裂
D3-2	280	下弦管开裂	300	下弦弦管沿受拉腹杆周边撕裂
D6-0	300	上弦管压陷	355	加载节点处弦管严重压陷
D6-2	440	边腹杆表面出现滑移线	580	受压腹杆严重屈曲

6.4　结果分析与讨论

6.4.1　试件破坏模式

6.4.1.1　失效模式

根据空心管结构研究结果[92]，圆形截面钢管节点与矩形截面钢管节点一样，有如图 6-13 所示的几种主要失效模式：① 模式 A：弦杆表面塑性失效；② 模式 B：沿腹杆四周弦杆表面冲剪失效；③ 模式 C：受拉腹杆或其焊缝破裂；④ 模式 D：受压腹杆局部屈曲；⑤ 模式 E：弦杆在间隙处剪切破坏；⑥ 模式 F：受拉腹杆背面弦杆表面局部屈曲。对于有间隙接头的空心管结构，当支主管外径比 β 小于中值（$\beta<0.6$）时，节点失效模式一般为弦杆表面塑性失效（模式 A），与受压腹杆连接处弦杆压陷而与受拉腹杆连接处弦管鼓屈。当 β 介于 0.6 到 0.8 之间时，节点失效模式除出现失效模式 A 以外，还经常出现失效模式 B，若腹杆壁厚较薄还有可能出现失效模式 C。

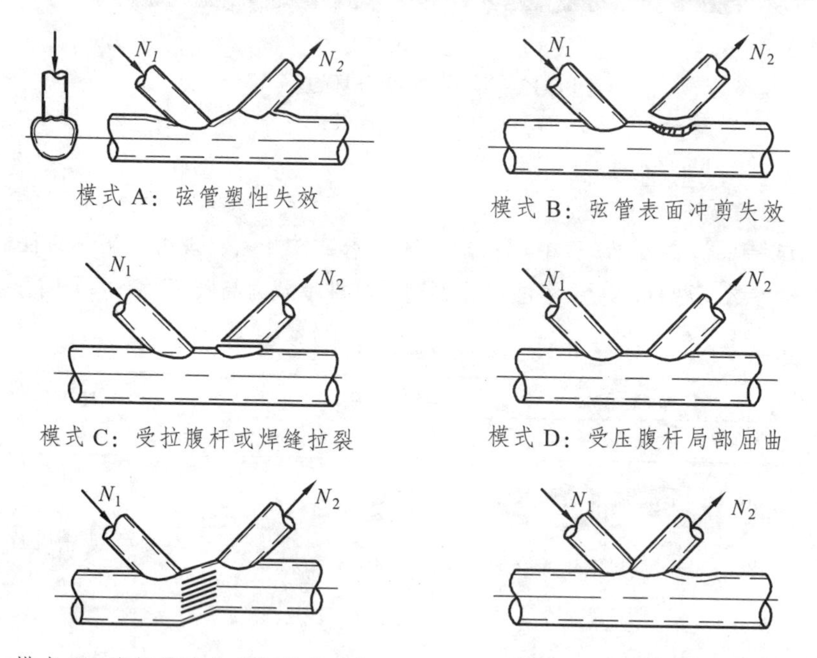

图 6-13　圆形截面钢管节点典型失效模式

两类模型试件支主管外径比分别为 0.5 与 0.56，节点均为有间隙接头节点，失效模式如图 6-14。可见，试件 D3-1、D3-2 与 D6-0 整体破坏均由节点失效引起，而试件 D6-2 主要因腹杆屈曲而失效。

试件 D3-1 上弦灌注混凝土、下弦为空钢管，而 D6-0 杆件全为空钢管，二者均表现为空心节点处弦杆表面均发生塑性失效（失效模式 A），弦管压区压陷而侧面鼓屈，如图 6-14（a）与（c）所示。且试件 D3-1 由于其弦管壁厚较薄，下弦节点间隙处弦管还出现了剪切破坏。

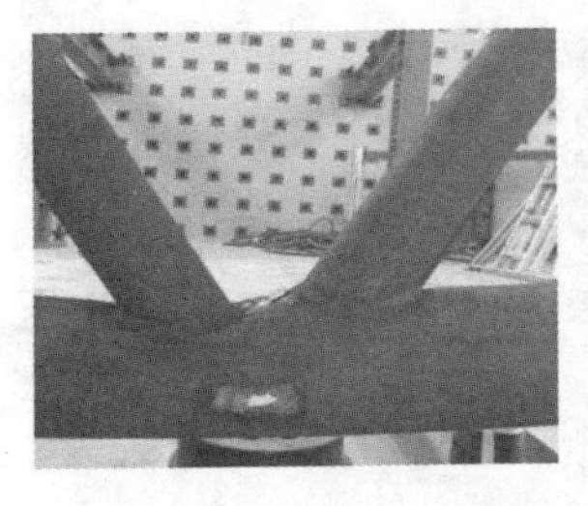

（a）D3-1：弦杆表面塑性失效、弦杆剪切破坏

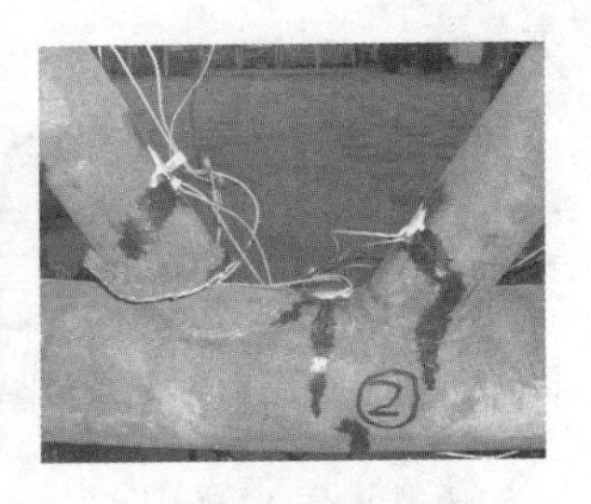

（b）D3-2：弦杆表面冲剪失效

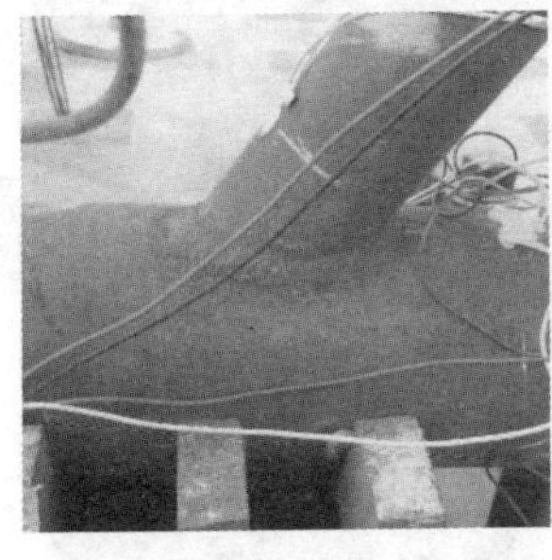

（c）D6-0：弦杆表面塑性失效

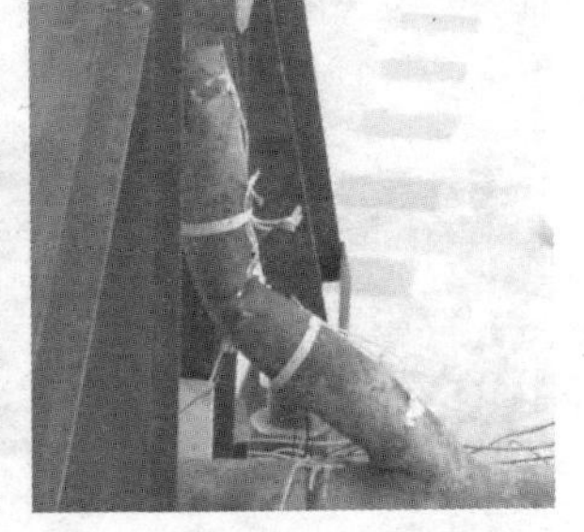

（d）D6-2：腹杆屈曲

图 6-14　桁架模型失效模式

试件 D3-2 上、下弦管均灌注混凝土，其节点破坏模式如图 6-14（b）。虽然支主管管径比 $\beta < 0.6$，但其因弦管沿受拉腹杆周边撕裂（失效模式 B）而失效，属强度破坏，而弦管压陷破坏属于局部稳定失效，可见桁架梁弦管灌注混凝土后节点破坏模式发生明显改变，承载力提高。试件 D6-2 上、下弦管也均灌注混凝土，但其弦管截面含钢率大于 D3-2，支主管壁厚比小，破坏模式如图 6-14（d）所示。该试件节点没有明显破坏特征，主要是受压腹杆屈曲失效，与试件 D6-0 以及试件 D3-2 相比，试件破坏形态显然不同。

分析认为，钢管桁架弦管灌注混凝土后，混凝土的填充有效抑制弦管局部压陷，节点径向刚度增强，抗压强度大大提高，因而试件 D3-2 与 D6-2 均没有发生弦杆压陷屈曲。对于试件 D3-2，支主管外径比适中（$\beta=0.56 < 0.6$），但其支主管壁厚比 t/T 达 1.54，主管壁厚相对较薄，强度相对较弱，因而节点处弦管沿受拉腹杆周边撕裂，钢管混凝土弦杆力学性能没有得到充分发挥。试件 D6-2，其支主管管径比也适中（$\beta=0.5 < 0.6$），但其支主管壁厚比 t/T 为 0.59，腹杆壁厚相对较薄，腹杆轴向承载力较弦杆径向承载力低，因而腹杆先屈曲失效，钢管混凝土弦杆的力学性能也没有得到完全

发挥。因此，钢管混凝土桁架梁中，在保证支主管径厚比适中的情况下，还应注意控制支主管壁厚比，过大则弦管强度不够易发生节点处弦管撕裂失效；过小则腹杆轴向承载力相对较低，腹杆先屈服而失效。所以，支主管壁厚比宜适中，或在受压腹杆中灌注混凝土，提高压杆承载力，防止压杆过早屈曲而影响桁架结构承载力与变形性能。

6.4.1.2 管内混凝土破坏形态

（a）D3-2 下弦跨中管内混凝土破坏形态

（b）D6-2 下弦跨中管内混凝土破坏形态

图 6-15 管内混凝土破坏形态

为研究钢管混凝土桁架梁受弯破坏时拉弯杆件核心混凝土破坏形态，对试件 D3-2 与 D6-2 下弦杆跨中钢管外壁进行了切割，以观察管内混凝土破坏形态，结果如图 6-15 所示。

图 6-15（a）为试件 D3-2 下弦跨中管内混凝土破坏形态。由图可见，混凝土较完好，仅在靠下缘处有数条细短裂缝。由于试件受拉腹杆处弦管

撕裂破坏，荷载-跨中挠度曲线还处在上升阶段，试件整体变形较小，混凝土损伤较小。

图 6-15（b）为试件 D6-2 下弦跨中管内混凝土破坏形态。试件主要因腹杆严重压屈而失效，且上下弦杆均发生明显整体弯曲变形，因而在下弦跨中管内混凝土裂缝清晰，分布均匀，均延伸过中截面但未贯通。由此可见，核心混凝土较好参与了钢管受拉，钢管混凝土弦杆较好地发挥了其抗弯拉性能。

6.4.2　荷载-挠度变形关系分析

6.4.2.1　荷载-跨中挠度曲线

图 6-16（a）为试件 D3-1 与 D3-2 荷载与跨中挠度关系对比。由图可见，试件 D3-1 经历了弹性阶段与塑性阶段，具有较好延性性能。而 D3-2 进入塑性阶段即发生弦管冲剪破坏，此时试件整体弯曲变形较小，极限荷载对应挠度为 9.3 mm，仅为计算跨中的 1/215，延性较差。在初始阶段，试件 D3-2 与 D3-1 曲线基本重合，但 D3-1 弹性段较短，试件很快发生塑性变形，斜率下降明显，而 D3-2 较 D3-1 弹性阶段显著延长，斜率衰减缓慢，承载力大幅提高。主要因为初始阶段节点变形较小，试件初始挠度主要由整体变形控制，虽然 D3-1 下弦管为空钢管，但其上弦灌注了混凝土，抗弯刚度较空钢管有较大提高，因而 D3-1 与 D3-2 初始刚度较接近。随荷载增加，D3-1 下弦空心管节点变形增大并逐渐压陷屈曲，试件进入塑性状态，刚度衰减。但 D3-2 上下弦管均填充混凝土，混凝土的填充增强了弦管径向刚度，有效约束了节点变形，节点强度显著提高，从而提高了桁架整体抗弯刚度与承载力。因而 D3-2 弹性阶段较长，刚度变化小，承载力较 D3-1 显著提高。

图 6-16（b）为试件 D6-0 与 D6-2 荷载-跨中挠度变形关系对比。由图可见，试件 D6-0 和 D6-2 均有明显的弹性段、塑性段和下降段，延性性能好。而试件 D6-2 较 D6-0 弹性阶段长且初始刚度大，极限承载力显著提高。两试件整体变形性能较好，但随荷载增长均出现上下弦杆挠度变化不协调，上弦挠度变形较下弦快。试件 D6-0 为空钢管试件，节点压区塑性失效，D6-2 上下弦管均灌注混凝土，节点处无破坏特征，前述研究表明空钢管填充混凝土后其抗弯刚度明显提高，空节点强度与刚度增强，因此 D6-2 较 D6-0

整体抗弯刚度大，节点承载力高，从而试件抗弯承载力提高。对于试件 D6-0，由于试件破坏主要发生在上弦加载节点处，其压陷变形较下弦节点压陷变形严重，因而上弦跨中变形发展较快。而对于试件 D6-2，主要因为试件跨高比相对较大、支主管壁厚比较小，腹杆受压屈曲导致试件破坏，而当腹杆开始屈服时上弦挠度变化较下弦大。

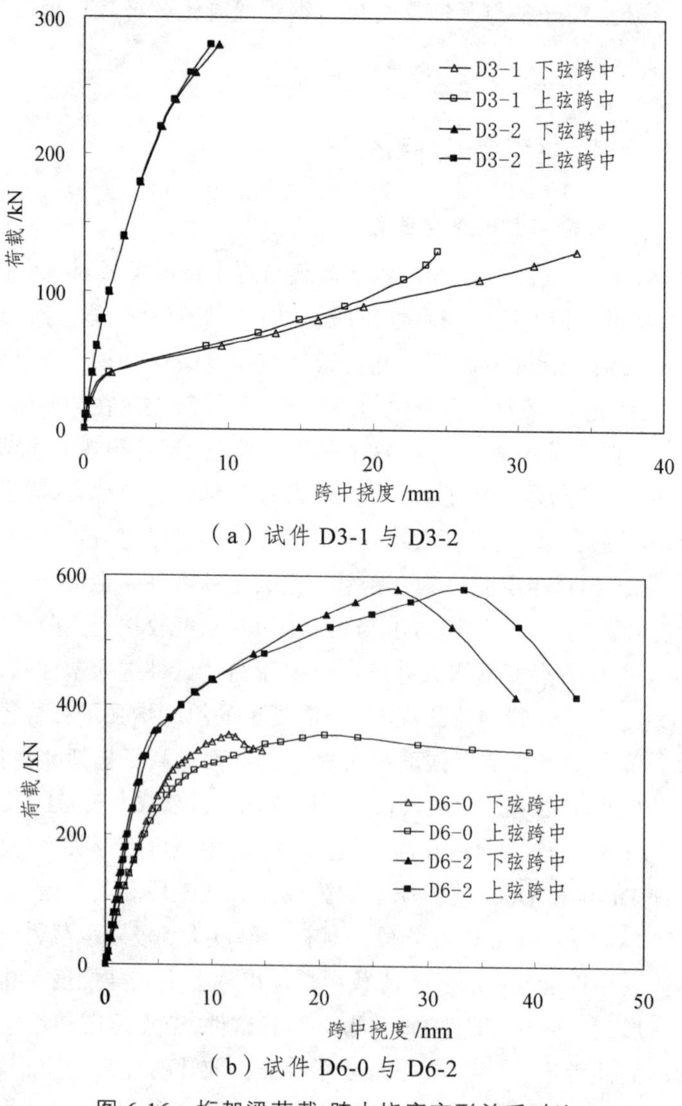

（a）试件 D3-1 与 D3-2

（b）试件 D6-0 与 D6-2

图 6-16　桁架梁荷载-跨中挠度变形关系对比

6.4.2.2　荷载-跨度方向挠度曲线

实腹简支梁式结构沿跨度方向的挠度曲线一般为正弦半波曲线。本书中四个桁架试件均近似两端简支（一端与底座点焊，一端完全简支），在上弦中节点单点加载，试件三点受弯，图 6-17 为试件荷载与沿跨度方向的挠度关系曲线。

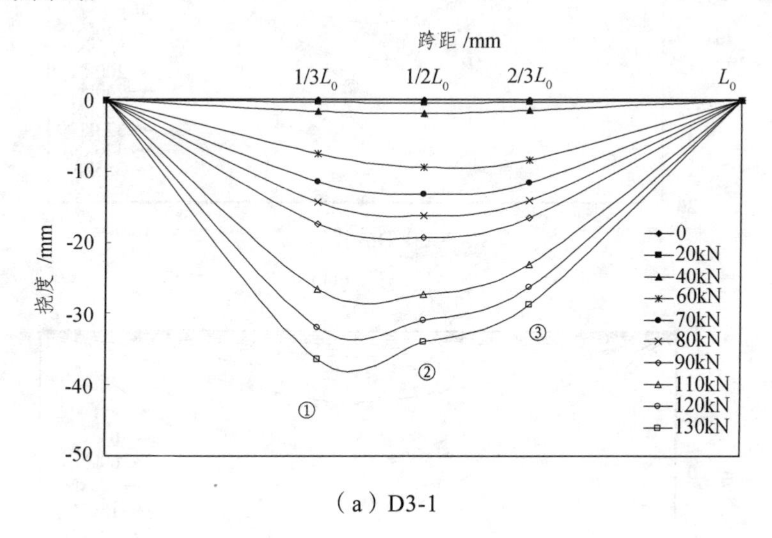

（a）D3-1

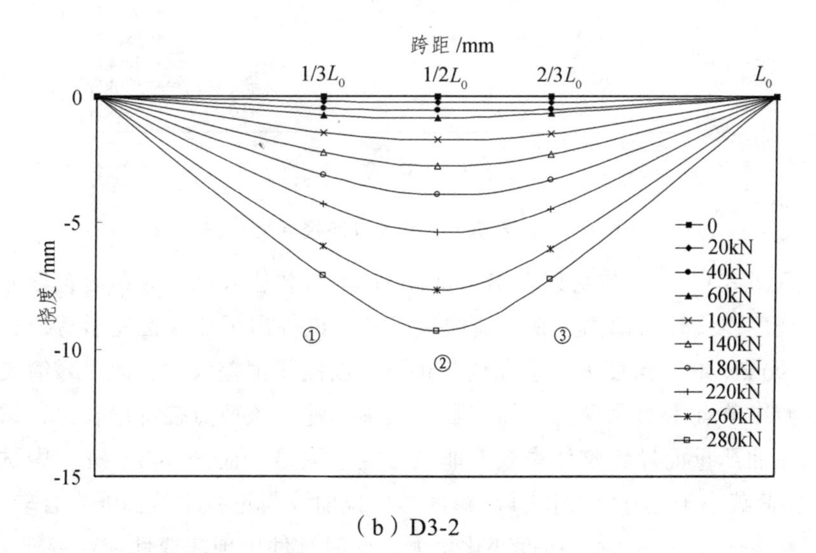

（b）D3-2

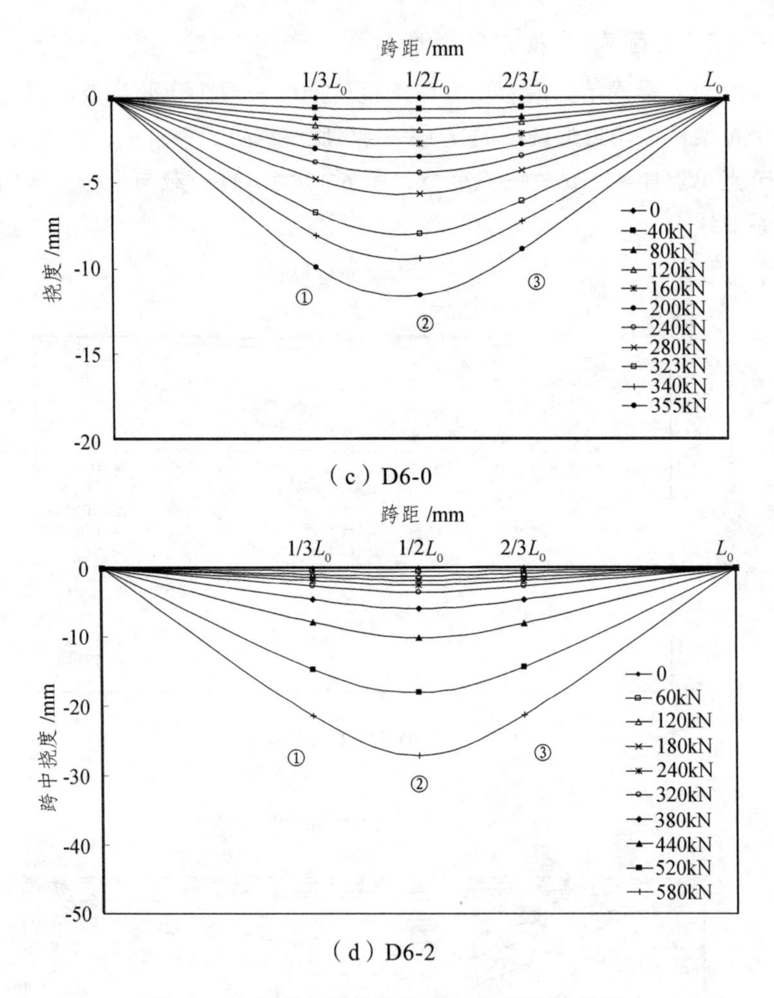

图 6-17　荷载与试件跨度方向挠度变化曲线

从图 6-17（a）中可以看出，试件 D3-1 荷载达 60 kN 时，沿跨度方向测点挠度连线开始偏离正弦半波曲线发展，试件出现非线性变形特征；荷载达 90 kN 时，跨度方向挠曲线与正弦半波曲线偏差较大，此时靠简支支座一侧中节点（① 号测点）压陷屈曲发展迅速，该节点挠度增长快，试件局部屈曲严重而导致整体失效，非线性变形明显。而图 6-17（b）中试件 D3-2，荷载小于 220 kN 时，其沿跨度方向挠曲线与正弦半波曲线吻合较好，当荷载大于 220 kN 时，挠度变化增大，此时试件出现非线性变形特征。

由图 6-17（c）可知，试件 D6-0 在荷载超过 280 kN 后，沿跨度方向挠曲线开始与正弦半波曲线不吻合，靠简支支座一侧偏移，试件开始发生非线性变形。而图 6-17（d）中试件 D6-2 在 440 kN 前，试件沿跨度方向挠曲线与正弦半波曲线吻合较好，荷载大于 440 kN 后，挠度变化开始增大，试件出现非线性变形。

可见，试件 D3-2 与 D6-2 出现非线性变形荷载较 D3-1 与 D6-0 显著提高，表明弦管灌注混凝土后钢管桁架梁式结构整体工作性能增强，抗弯承载力提高。

6.4.3　荷载-应变关系分析

应变的分布与发展状态能反映构件的应力状态与变形发展趋势。试验测试了桁架梁关键截面应变分布与发展规律，研究钢管桁架梁弦管灌注混凝土后对其杆件与节点应变分布状态的影响，图 6-18 为应变片布置详图。

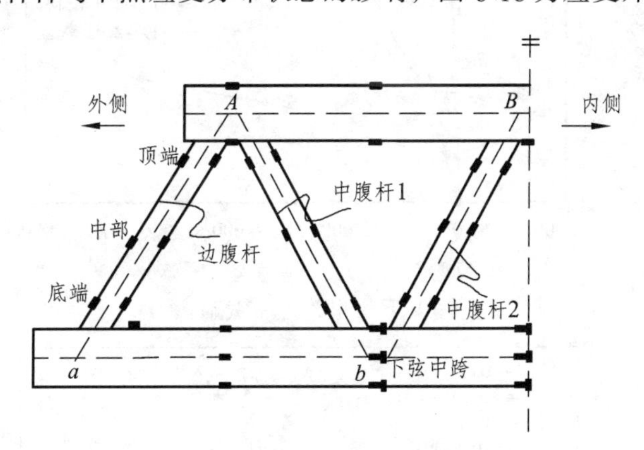

图 6-18　应变片布置详细图

6.4.3.1　弦　杆

图 6-19 与图 6-20 为试件下弦关键截面应变分布与发展状况。其中图 6-19（a）与图 6-20（a）为试件下弦中跨跨中截面应变，图 6-19（b）与图 6-20（b）为试件下弦边跨跨中截面应变。由图可见，各试件边跨跨中截面均处于弹性范围，但试件 D3-2 与 D6-2 较 D3-1 与 D6-0 应变减小，且截面上缘、中截面处、下缘三部位的应变差异明显缩小，表明在应变水平不高时，混凝土的填充使截面应变均匀分布。各试件下弦中跨跨中截面应变较

边跨跨中截面应变大，且下缘均发生塑性应变。在壁厚较薄的模型二中，试件 D3-1 在加载初期下弦中跨跨中全截面受拉，随荷载增加顶面开始受压，而弦杆灌注混凝土后的试件 D3-2 跨中截面始终处于全截面受拉状态，且相同荷载时应变较 D3-1 小，但由于弦杆表面冲剪破坏而使得截面塑性应变发展不充分。在壁厚较厚的模型一中，试件 D6-2 与 D6-0 下弦跨中截面应变发展趋势相同，但相同荷载时应变较 D6-0 小。试件 D6-2 下弦跨中截面上、下缘以及中截面处均发生塑性应变，而 D6-0 上缘与中截面处应变处于弹性范围。由此可见，弦杆灌注混凝土后，管内混凝土与管壁相互作用分担部分拉应力，且钢管受拉力学性能得到较好利用。

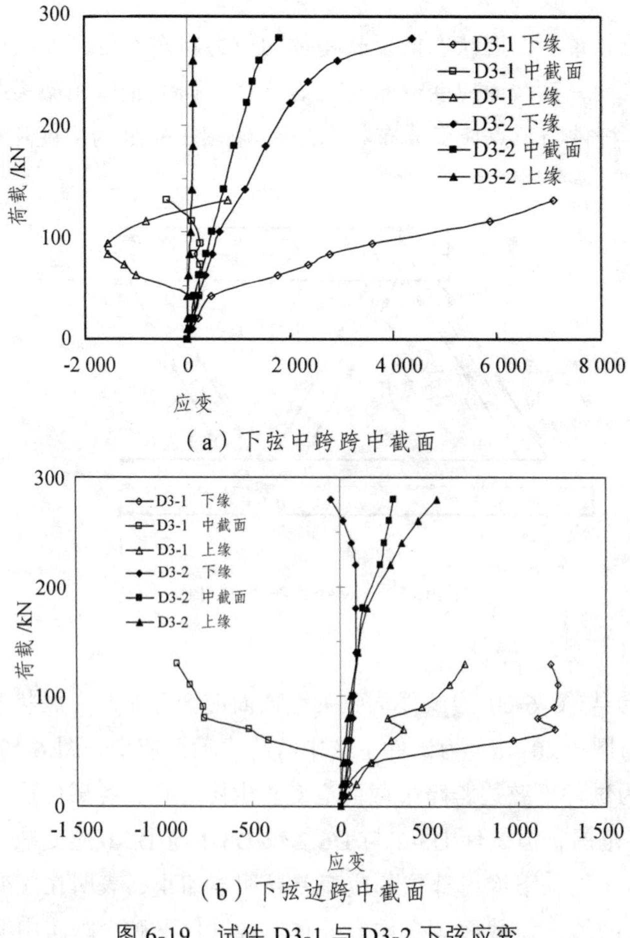

（a）下弦中跨跨中截面

（b）下弦边跨跨中截面

图 6-19　试件 D3-1 与 D3-2 下弦应变

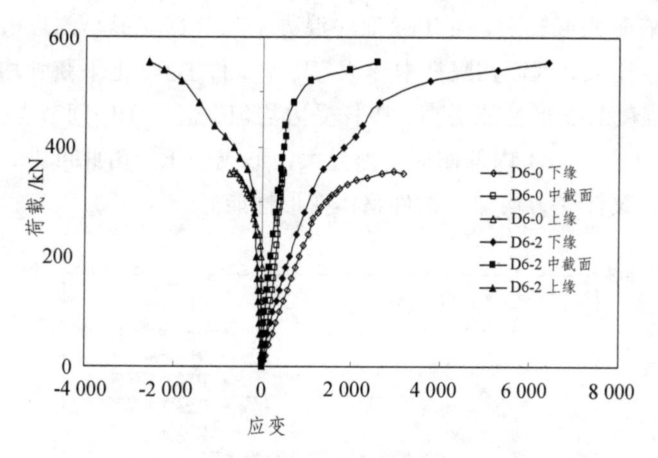

（a）下弦中跨跨中截面

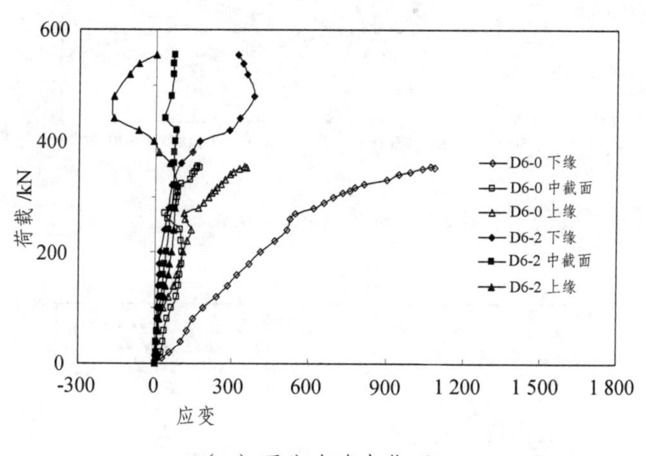

（b）下弦边跨中截面

图 6-20　试件 D6-0 与 D6-2 下弦应变

6.4.3.2　腹　杆

图 6-21 为试件 D3-1 与 D3-2 腹杆应变对比。由图可知，二者腹杆应变较小，均处于弹性范围。试件 D3-1 中腹杆应变存在反弯点，且压杆 Aa（边腹杆）外侧初始受压而随后转变为受拉，有向外弯曲趋势；拉杆 Ab（中腹杆 1）中上部内侧与底部外侧由受拉转变为受压，可见其承受一定的弯矩，底部有向内弯、顶部有向外弯的趋势；压杆 Bb（中腹杆 2）全截面受压，但是外侧应变较内侧应变大，偏压较明显。主要由于 D3-1 下弦为空钢管，

节点易压陷而变形较大，而上弦灌注混凝土其节点变形小，且桁架高跨比与腹杆长径比大，因而在腹杆中形成弯矩。试件 D3-2 上下弦管均灌注混凝土，节点强度与变形性能提高，腹杆受力均匀，但由于中间节点变形较大，压杆 Bb（中腹杆 2）内外侧应变差异大，形成偏压。由此可见，弦管灌注混凝土后，腹杆受力均匀，试件整体变形性能好。

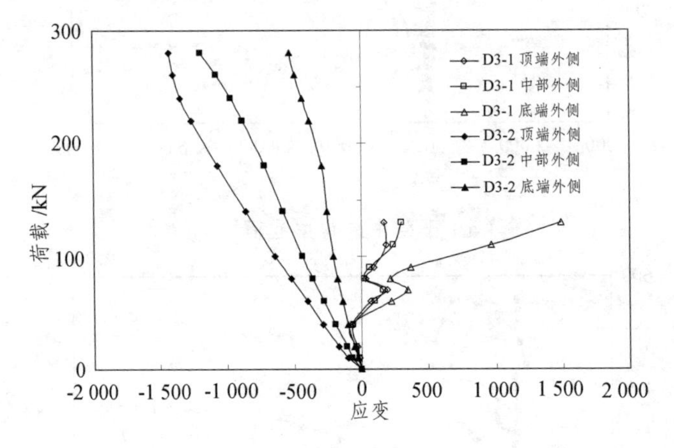

（a）受压腹杆 Aa：边腹杆

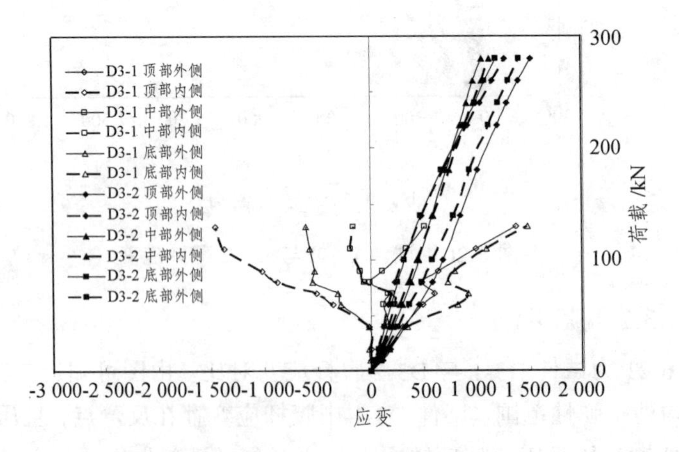

（b）受拉腹杆 Ab：中腹杆 1

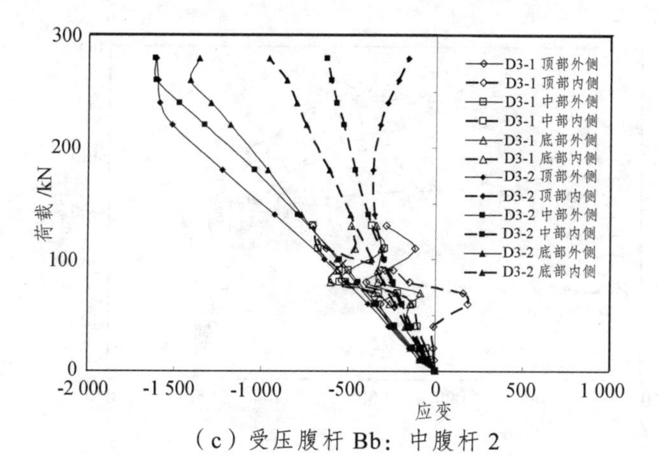

（c）受压腹杆 Bb：中腹杆 2

图 6-21　试件 D3-1 与 D3-2 腹杆应变对比

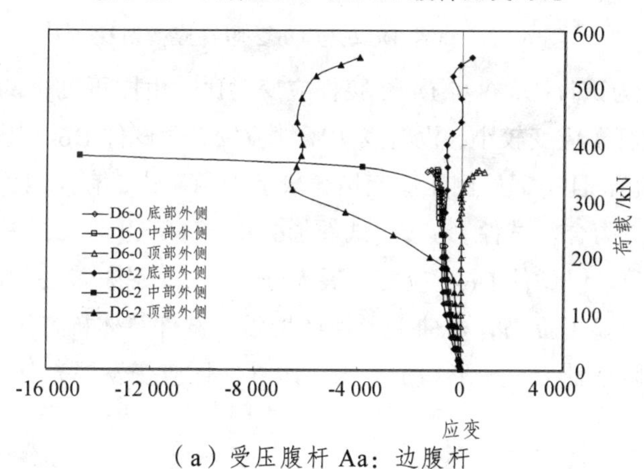

（a）受压腹杆 Aa：边腹杆

（b）受拉腹杆 Ab：中腹杆 1

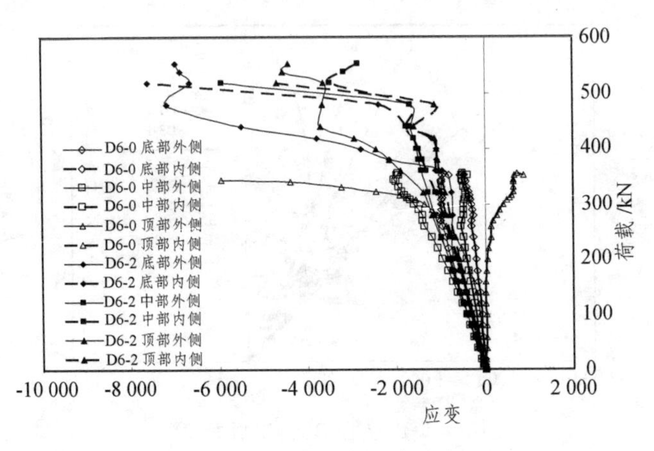

（c）受压腹杆 Bb：中腹杆 2

图 6-22　试件 D6-0 与 D6-2 腹杆应变对比

图 6-22 为试件 D6-0 与 D6-2 腹杆应变对比。由图可见，试件 D6-0 压杆 Aa（边腹杆）应变较小，没有发生塑性应变，而试件 D6-2 压杆 Aa 完全进入屈服状态，且中部外侧压应变增长较上下两端快，有向内侧弯曲趋势，与其破坏形态吻合。试件 D6-2 与试件 D6-0，拉杆 Ab 与压杆 Bb 应变发展趋势基本一致，但试件 D6-2 应变发展充分。可见，弦杆灌注混凝土后，弦杆抗弯承载力显著提高，弯曲变形性能增强，试件整体抗弯承载力与变形性能提高，腹杆轴力与变形增加，因而腹杆塑性应变发展充分。

6.4.3.3　节　点

图 6-23 为各试件下弦中间节点应变。图（a）中试件 D3-1 与 D3-2 初始阶段应变发展较一致，但随荷载增加，试件 D3-1 下弦弦杆表面开始压陷屈曲，节点处上缘应变不稳定，但试件 D3-2 应变变化始终较均匀。可见，混凝土的填充能明显改善了节点应变分布状态，应变发展更稳定，截面受力均匀。图（b）中试件 D6-2 与 D6-0 在节点处应变发展趋势一致，D6-0 节点处应变基本处于弹性范围，但 D6-2 节点上、下缘均发生塑性应变。主要由于 D6-0 因上弦加载节点处发生压陷而失效，下弦中间节点没有破坏特征，因而下弦节点应变较小。但 D6-2 弦管均填充混凝土，节点刚度与强度显著增强，试件整体承载力与弯曲变形性能提高，因而节点力增加，节点处应变较大。可见，混凝土的填充使钢管拉、压力学性能都充分发挥，截

面整体工作性能增强。

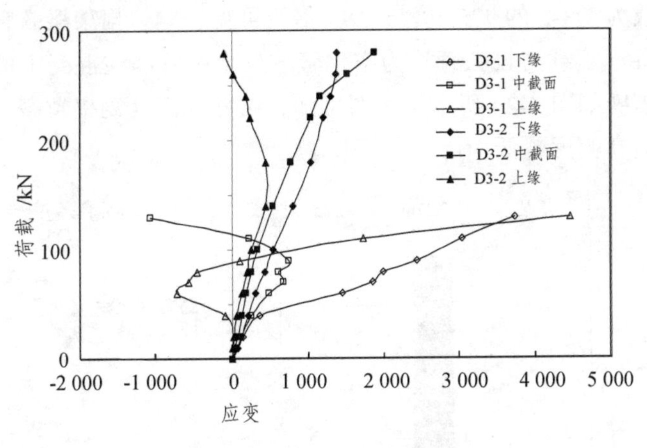

（a）试件 D3-1 与 D3-2 对比

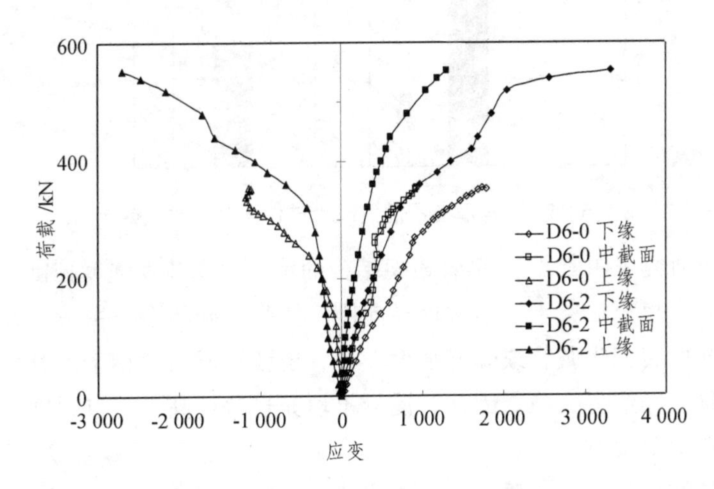

（b）试件 D6-0 与 D6-2 对比

图 6-23　下弦中间节点应变

6.4.4　抗弯承载力分析

试件初始破坏荷载与极限荷载见表 6-2。由表可知，对于模型一，试件 D6-2 较 D6-0 初始破坏荷载与极限荷载值分别提高了 46.7%与 63.4%；对于模型二，试件 D3-2 较 D3-1 初始破坏荷载与最大荷载值分别提高了 366.7%

与 130.8%。试件 D6-2 与 D3-2 上下弦杆均灌注混凝土，D6-2 初始破坏荷载与极限荷载为 D3-2 的 1.57 倍与 1.93 倍。可见，钢管桁架梁弦管均灌注混凝土后，抗弯承载力较弦管均为空钢管或仅上弦管灌注混凝土试件显著提高，提高幅度如图 6-24 所示。由图可知，弦杆截面含钢率越高，桁架梁抗弯承载力提高幅度越低。

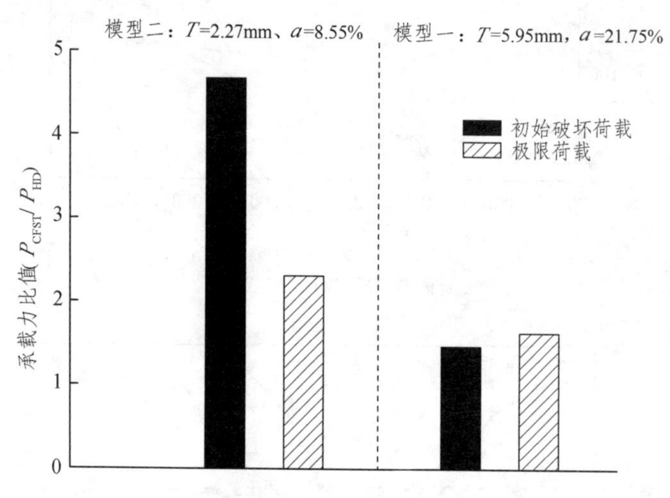

图 6-24　弦杆灌与不灌混凝土试件承载力比值分析

大量研究表明[94-102]，钢管桁架结构的承载力受节点强度控制。钢管桁架梁弦管中填充混凝土后，截面径向刚度增强，破坏形态由节点处弦管局部压陷屈曲转变为弦管或焊缝强度破坏，若弦管截面含钢率高时可能发生腹杆强度破坏或者失稳。因此，混凝土填充显著提高了节点强度，从而提高桁架结构承载力。

桁架结构的杆件主要承受轴向荷载，若节点刚度大或节点处腹杆间隙大则杆件中将有一定的弯矩。根据本书第 5 章钢管混凝构件抗弯性能测试结果，与两类桁架模型一致的弦管（T=2.27 mm、α=8.55%与 T=5.95 mm、α=21.75%）灌注混凝土后，其抗弯承载力分别提高了 199%与 89%，且抗弯刚度也显著提高。同时，第 4 章中钢管混凝土构件抗拉性能研究表明，壁厚 T=2.27 mm，截面含钢率 α=8.55%的弦管灌注混凝土后其轴拉承载力提高 15%～17%。可见，弦管灌注混凝土后构件抗拉、抗弯承载力与刚度增强，因而桁架梁承载力提高。

两类桁架模型试件灌注混凝土后最大抗弯承载力分别提高 130.8%与 63.4%，较同类型弦管单根杆件灌注混凝土后抗弯承载力提高幅度 199%与 89%低。从试件破坏模式来看，试件 D3-2 与 D6-2 因节点处弦管撕裂与腹杆屈曲破坏，主要表现为局部失效，试件整体弯曲变形较小，而单根构件抗弯试验中主管整体弯曲变形十分明显。另外，第 4 章与第 5 章的研究表明，钢纤维微膨胀钢管混凝土轴拉与抗弯极限破坏后，核心混凝土均形成贯通裂缝，沿管壁混凝土甚至出现磨损破碎，而 D3-2 与 D6-2 两试件弯曲破坏后，核心混凝土裂缝细少，损伤较轻。因此，可以认为 D3-2 与 D6-2 试件中钢管混凝土弦杆的抗弯与轴拉力学性能没有充分发挥。结合钢管混凝土构件与桁架结构的力学性能试验结果分析，为进一步提高钢管混凝土抗弯承载力，对于类似 D3-2 支主管壁厚比较大的试件可以适当增加弦管壁厚，而对于类似于 D6-2 支主管壁厚比较小的试件可以在受压腹杆中灌注混凝土提高腹杆的强度进而充分发挥钢管混凝土的抗弯与受拉力学性能，提高钢管混凝土桁架的抗弯承载力与工作性能。

6.5　基于 ABAQUS 有限元模拟分析

6.5.1　钢管混凝土桁架梁有限元模型

采用通用有限元软件 ABAQUS 对 4 片桁架梁模型三点受弯力学性能进行了模拟计算分析，材料本构模型与有限元模型建模方法同第 4 章第 4.5 节，钢管与核心混凝土均采用八节点线性缩减积分格式的三维实体单元（C3D8R），有限元计算模型如图 6-25。

图 6-25　桁架梁有限元计算模型

6.5.2 计算结果分析

6.5.2.1 破坏形态

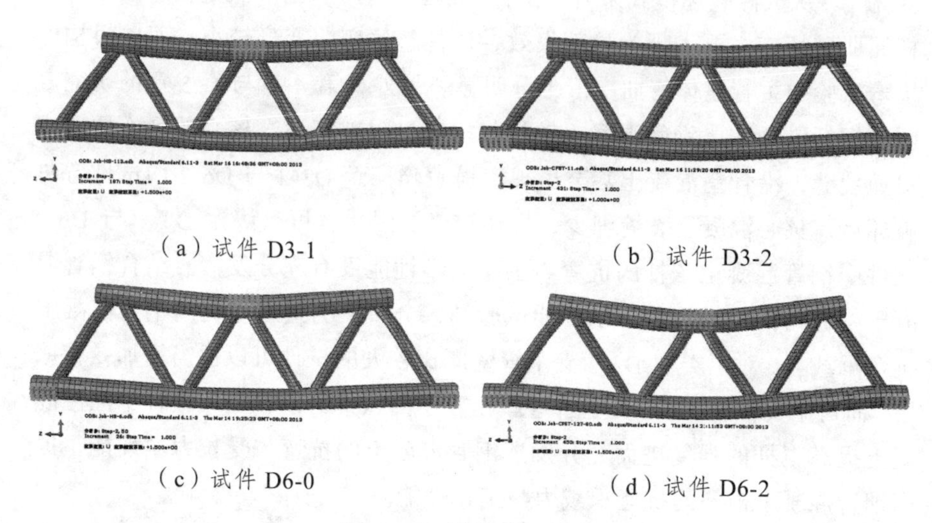

（a）试件 D3-1　　（b）试件 D3-2

（c）试件 D6-0　　（d）试件 D6-2

图 6-26　试件破坏形态

图 6-26 为 4 片桁架梁三点受弯有限元计算极限破坏形态。与试验测试结果相似，4 片桁架梁极限破坏形态各不相同。

仅上弦灌注混凝土的 D3-1 试件破坏形态如图 6-26（a），主要因下弦节点局部压陷破坏而失效，且中间节点间隙处弦管出现剪切变形，试件整体弯曲变形较小；上、下弦管均灌注混凝土后，试件 D3-2 主要因整体弯曲变形而破坏，且受拉支管发生弯曲变形，如图 6-26（b）。

空钢管桁架 D6-0 试件破坏形态如图 6-26（c），其上、下弦管节点压区都有压陷，且在加载节点处最明显，两侧边腹杆有弯曲现象；而弦管均灌注混凝土后，试件 D6-2 主要发生整体弯曲变形，且腹杆变形明显，如图 6-26（d）。

6.5.2.2 荷载-挠度曲线

桁架梁荷载-跨中挠度曲线有限元计算值与实测值对比如图 6-27。由图可见，弦管为空钢管时计算值与测试值差异较大，而弦管均灌注混凝土后模拟计算值与试验测试值基本吻合。

弦管壁厚薄、下弦为空钢管的 D3-1 试件计算值与试验值误差最明显。

初始阶级二者基本吻合，但测试曲线很快出现拐点，试件破坏，而计算结果显示试件仍处在弹性阶段。分析认为，主要是试件弦管壁厚较薄，焊接加工时弦管有损伤，因而在加载过程中边节点处过早地发生局部压陷导致试件失效，承载力测试值远低于计算值。但弦管均灌注混凝土后的 D3-2 试件，测试值与计算值在弹性阶段吻合较好，由于测试试件下弦拉区冲剪撕裂，整体试件没有发展塑性变形，而计算模型发生整体弯曲变形，抗弯承载力较测试值有所提高。

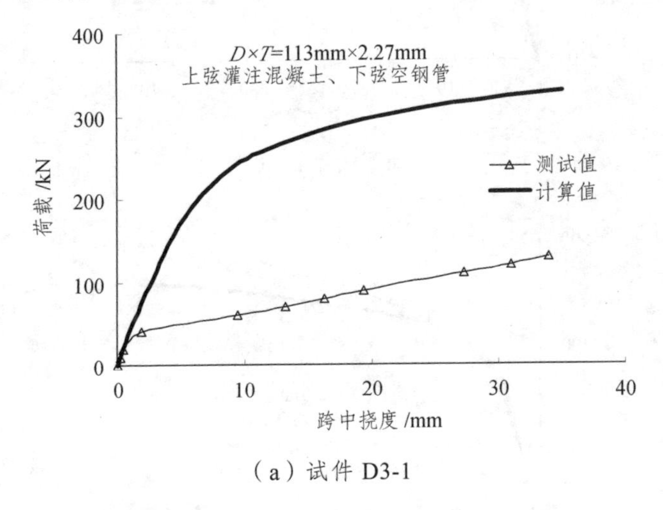

（a）试件 D3-1

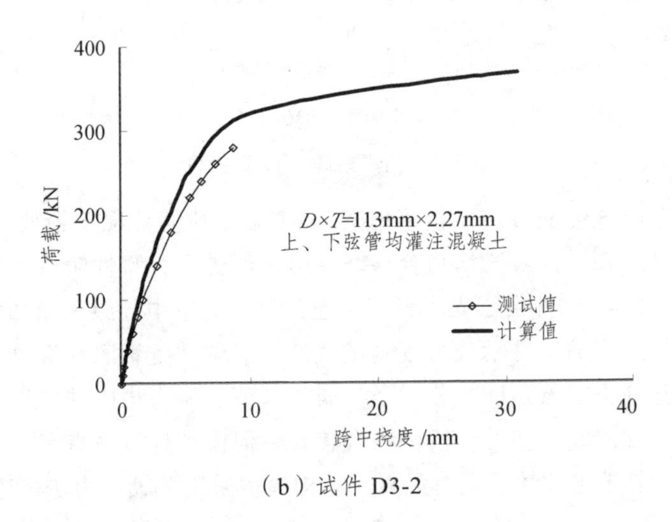

（b）试件 D3-2

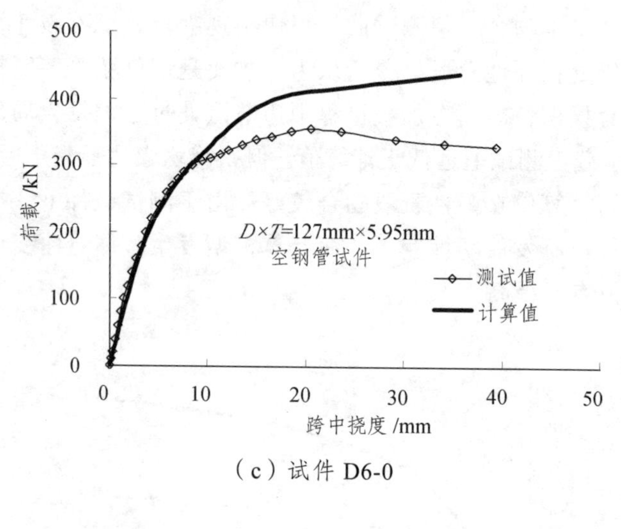

（c）试件 D6-0

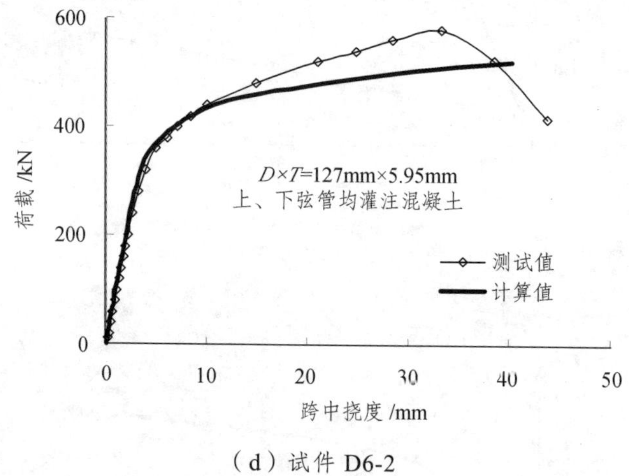

（d）试件 D6-2

图 6-27 荷载-跨中挠度曲线

弦管壁厚 5.95 mm 的空钢管桁架 D6-0 以及钢管混凝土桁架 D6-2，计算值与测试值在弹性阶段均吻合很好，但试件进入弹塑性阶段后均出现一定的差异。D6-0 试件由于支主管桁架连接处应力集中导致上弦加载节点处先压陷破坏，因而试件承载力较测试值低。但试件弦管灌注混凝土后，混凝土的填充使得节点强度显著增强，弱化了节点应力集中缺陷，因此试验曲线与计算曲线在弹塑性阶段仍吻合较好，但模拟计算没有考虑钢纤维对混凝土力学性能的改善，同时混凝土本构模型采用单轴应力-应变关系不能反映管内混凝土实际的三向应力状态，所以计算曲线逐渐较测试曲线偏低。

综上所述，采用有限元模拟计算钢管混凝土桁架梁的抗弯性能是可行的。

6.5.2.3　应力分布状态

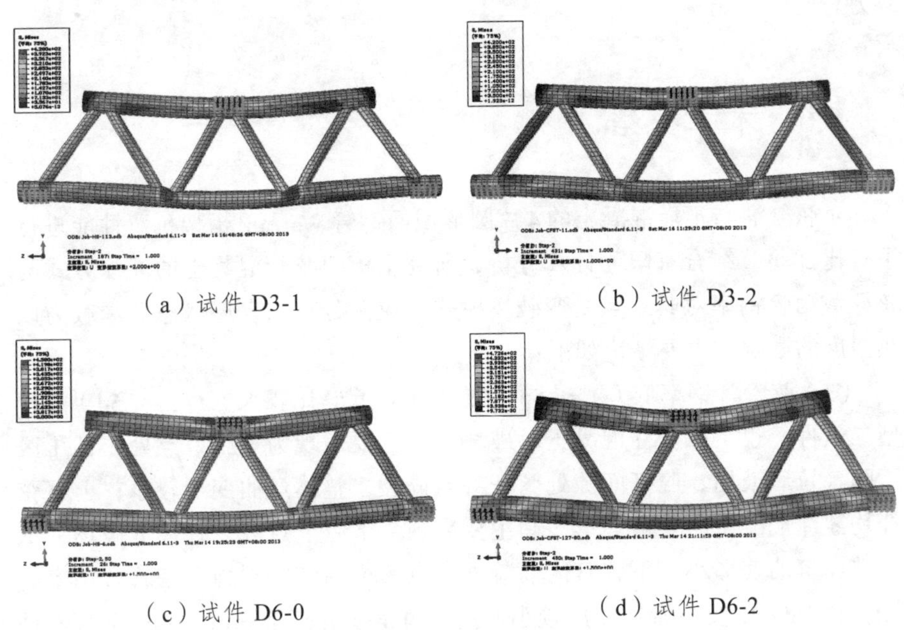

（a）试件 D3-1　　（b）试件 D3-2

（c）试件 D6-0　　（d）试件 D6-2

图 6-28　应力分布状态

两类桁架模型弦管灌不灌混凝土极限弯曲破坏时的应力分布状态如图 6-28 所示。对比图 6-28（a）与（b）可以发现，D3-1 与 D3-2 两试件上弦管的应力分布状态接近，较大应力集中在上弦加载节点处附近上下缘；而 D3-1 试件下弦管为空钢管，其下弦最大应力发生在节点顶面受压区，中跨受拉区也出现屈服应力，但应力值较节点处应力小。而下弦灌注混凝土后的 D3-2，最大应力分布在边节点受压区和中间节段受拉区以及中和轴以上的部分区域，且受压腹杆应力也较 D3-1 试件大。对比 D6-0 与 D6-2 试件，D6-0 上弦最大应力分布在加载节点处的上缘和下缘较小的区域，下弦最大应力分布在弦管节点顶面受压区和中间节段受拉区；而弦管灌注混凝土后的 D6-2，上、下弦节点处应力集中状况明显改善，下弦中间节段应变沿截面高度方向较均匀地分布，腹杆应力较 D6-0 偏大。计算结果与试验测试结论保持一致。

由此可见，钢管桁架梁弦管中灌注混凝土后，其节点处应力集中现象明显改善，弦杆沿纵向、径向的应力分布与过渡呈均匀变化，且腹杆应力水平提高，材料的力学性能得到充分发挥，从而有效地提高桁架梁抗弯承载力与变形性能。

6.6 本章小结

对弦管灌与不灌混凝土的4片圆形截面钢管Warrant桁架抗弯性能进行了对比试验，结合有限元计算分析，研究了桁架弦管混凝土的灌注方式与弦杆截面含钢率对其三点受弯破坏模式、应变分布与发展状态、承载力以及挠度的影响，主要结论如下：

（1）弦管含钢率低（A_s=8.55%）、支主管壁厚比较大（t/T=1.54）的模型二试件：仅上弦灌注混凝土时破坏形态主要表现为下弦节点处弦杆压区压陷、拉区鼓屈，腹杆间隙处弦杆甚至撕裂，整体弯曲变形较小；上下弦杆均灌注混凝土时其破坏形态则主要表现为下弦节点处弦杆冲剪破坏，试件整体弯曲变形小，下弦管内混凝土仅有稀少的细短裂缝。弦管含钢率高（A_s=21.75%）、支主管壁厚比较小（t/T=0.59）的模型一试件：空钢管试件破坏形态表现为加载点处弦杆压陷破坏，整体弯曲变形较小；上下弦杆均灌注混凝土时破坏形态主要表现为受压腹杆屈曲，试件整体弯曲变形较明显，下弦跨中管内混凝土裂缝清晰，分布均匀，均延伸过中截面但未形成贯通缝。

（2）弦管内填充混凝土后，其截面应变均匀分布，钢管拉、压力学性能都充分发挥，截面整体工作性能增强，弦管节点强度与刚度显著提高，且腹杆受力均匀，塑性应变发展充分。

（3）桁架梁上下弦管均灌注混凝土较空钢管桁架或仅上弦灌注混凝土的桁架弦杆挠度变化同步性好，结构整体工作性能增强，抗弯刚度与承载力显著提高，桁架梁抗弯承载力由节点强度控制，模型一与模型二中试件最大抗弯荷载分别提高63.4%与130.8%。

第7章　工 程 应 用

7.1　工程概况

干海子特大桥位于我国四川省石棉县境内，为世界首座全管桁结构连续梁桥。该桥全长 1 811 m，分三联，共 36 跨，分 44.5 m 和 62.5 m 两种跨径，是雅泸高速公路控制性工程，也是交通运输部重点科研工程。

该桥主梁采用钢管混凝土桁架连续梁，如图 7-1（a）所示，分左右两幅，每幅构造形式相同，均为“倒三角”形，两根上弦杆与桥面预应力钢管钢管混凝土板现浇成整体，中心梁高与主梁节间间距均为 4.4 m，上、下弦管内均灌注 C60 钢纤维微膨胀混凝土。桥墩采用两种形式，矮桥墩采用圆形截面钢筋混凝土桥墩，高墩采用钢管混凝土组合格构桥墩，如图 7-1（b）所示，最高墩达 107 m。组合高墩以四根内灌 C50 自密实微膨胀混凝土的钢管混凝土为立柱，且沿短边与长边向均设置连系杆，部分桥墩根部设置纵向钢筋混凝土加劲肋板。

（a）主梁

（b）组合高墩

图 7-1　干海子大桥

本书以该工程为依托，全面系统研究了钢管混凝土桁架梁式结构核心混凝土的组成设计与制备方法，制备出了满足工程需求的钢纤维微膨胀钢管混凝土，并研究分析了其弯、拉构件力学行为以及梁式结构抗弯工作性能与失效模式，为其在依托工程中应用提供了理论支撑和技术保障，研究成果已经在依托工程中成功应用，保证了工程建设的顺利完成且结构服役状态良好。

7.2 混凝土制备与性能

根据本书第2.2节研究结果，依托工程主梁管内混凝土采用了以下推荐配合比，如表7-1所示。在工程现场实验室按该配合比进行了验证试验，工作性能、体积变形性能以及力学性能测试结果分别见表7-1～表7-3，混凝土各项性能均符合工程技术要求。

另外，由于实际工程混凝土用量大，原材料更新快，由于不同批次材料难免存在偏差，每批新进场的原材料都进行了试配，对其工作性能与力学性能指标进行测试，根据原材料波动情况对配合比进行适当调整以满足设计要求。

表7-1 混凝土配合比与工作性能

配合比/（kg/m³）									坍落度/mm		扩展度/mm	
水泥	粉煤灰	膨胀剂	硅灰	钢纤维	砂	石	水	减水剂	0	3h	0	3h
460	70	45	30	40	723	1012	160	10.5	240	230	650	620

表7-2 体积变形性能

龄期/d	3	7	14	28	42	56	90
自由膨胀率/（$\times10^{-4}$）	2.62	3.37	4.05	4.52	4.71	4.82	4.9

表7-3 力学性能

强度/MPa			弹性模量/MPa
3 d	7 d	28 d	
59.4	70.6	81.5	3.85×10^{4}

7.3　水平钢管混凝土灌注施工

7.3.1　主要工艺流程与实施要点

干海子大桥弦管核心混凝土灌注采用分段灌注，主要工艺流程如下：

1. 弦管节段设计

在桁架梁焊接安装前预先设置弦管分节数，以 2 ~ 3 跨为一个节段，节段两端用圆钢板封堵并沿圆形封堵钢板两垂直的轴线焊接角钢或槽钢加劲以防混凝土泵送施工时封堵钢板爆裂，弦管划分节段以及封堵钢板位置应做好详细记录。

2. 进浆管与冒浆管布置

主梁拼装固定就位后，按预先设计的混凝土浇灌顺序，在每个弦杆节段上开孔布置进浆管与冒浆管，均与弦管焊接连接。注浆口离封堵端板 1 m 左右，进浆管沿注浆口插入弦管 1/4*D* 左右，与弦管轴线呈 45° 左右夹角且朝混凝土推移反方向倾斜。冒浆管按间隔 20 m 布置，节段末端冒浆管离封堵端板 1 m 左右，出浆口向弦管侧壁偏移避免水泥浆污染弦杆。

3. 泵机固定与泵管拼接

采用泵送压力较大的拖泵，如 HBT60C 或者 HBT80C。泵机要安放平稳，离竖管 4 ~ 5m 间距。泵管安装时应尽量减少弯管，尤其是 90°弯管，以降低泵送阻力，且需固定牢固防止泵送混凝土时抖动。

4. 泵送清水

清水必须湿润所有的输送泵管。检查输送泵工作情况是否正常、输送管道有无渗漏，泵送不宜过多，0.3 m^3 为宜。

5. 泵送与混凝土同配比的砂浆

0.3 m^3 清水泵送完毕后，紧接着泵送和混凝土同配比的砂浆，主要作用是润滑管道减小混凝土泵送阻力。

6. 泵送 C60 微膨胀钢纤维自密实钢管混凝土

当混凝土泵斗内砂浆少于 1/3 时，开始放入 C60 微膨胀钢纤维自密实钢管混凝土。混凝土坍落度应控制在 180 ~ 240 mm，不宜过大，防止离析堵管。一次泵送填充整个水平钢管，水和砂浆先后从钢管顶冒浆管排出，接着混凝土排出，当混凝土排出 1 m^3 后，每隔 3 ~ 5 min 再泵送一次，反复 3 ~ 4 次，以增加水平钢管的密实程度，混凝土泵送施工完毕后，关闭截止阀，拆卸并清洗泵管。

7. 进料管处插截止阀

8. 清洗输送泵、管，拆卸堆放

7.3.2 注意事项

（1）混凝土拌制时各种组成材料应计量准确，每盘料净搅拌时间不得少于 2 min，混凝土坍落度符合配合比要求。

（2）混凝土一定要控制好工作性能，水和外加剂的掺量必须准确，不能过量。混凝土不得离析，运输到现场需检测坍落度与扩展度，合格后方可放入泵机内泵送施工。如罐车在现场等待时间较长，罐车要保持持续转动，且在准备入泵前需再次检测坍落度和扩展度，泵送施工时坍落度宜控制在（220±20）mm，扩展度宜控制在（600±50）cm。

（3）当泵机和泵管没有固定好，产生振动时，不可勉强压送，应对管路进行检查，固定，并放慢压送速度，但不能反泵回抽。

（4）当混凝土从排浆孔排出 1 m^3 时，放慢泵送速度，每泵一下需停 3 ~ 4 min。使多余的气体和浮浆排出，使水平钢管混凝土密实。

7.3.3 干海子大桥主梁弦管混凝土灌注施工

（a）进浆管

（b）冒浆管

图 7-2 进浆管与冒浆管设置

（a）下弦管混凝土灌注

（b）冒浆管封堵密实

（c）混凝土排放

图 7-3　水平钢管混凝土灌注过程

干海子大桥主梁弦管混凝土采用泵送推移密实法灌注施工，根据设计要求布置进浆管与冒浆管，如图 7-2。为减少泵管拼拆次数，相邻节段弦管进浆管设置在同一端；跨中与墩顶处设置冒浆管，出口偏向弦管侧面，并加设封堵盖板。

图 7-3 为矮墩处弦管混凝土灌注施工过程。中间位置的冒浆管开始冒浆后立即封堵，如图 7-3（b）。管内残留水与砂浆从远端冒浆管排出，为保证混凝土密实填充，远端冒浆管需进行适量混凝土排放，如图 7-3（c），排放量应达 1 m^3 左右。然后每隔 3 ~ 5 min 再泵送一次，反复 3 ~ 4 次，最后关闭截止阀，封堵冒浆管。

干海子大桥主梁弦管混凝土灌注施工顺利，混凝土工作性能控制良好，没有出现堵管，泵送施工过程平稳，泵送压力稳定在（12±2）MPa。

7.4 钢管混凝土低温施工

7.4.1 抗冻混凝土制备与低温养护措施

根据干海子大桥施工组织计划，主梁部分弦管混凝土灌注在冬季进行，采用第 2.3 节研究结果，在混凝土制备时掺加亚硝酸钠作为防冻剂，配合比见如表 7-4。

表 7-4 抗冻钢管混凝土配合比 kg/m^3

水泥	粉煤灰	硅灰	膨胀剂	钢纤维	防冻剂	水	减水剂
460	70	30	45	40	2.4	170	10.5

根据混凝土防冻设计原理，低温条件混凝土施工的关键是使混凝土尽快达到抗冻临界强度。防冻剂的掺加能促进混凝土低温强度发展，但仍需要适当的养护措施以维持混凝土表面温度，维持胶凝材料水化进程，使混凝土尽早达到抗冻临界强度。因此，采用了在弦管外壁包裹棉布的保温措施，如图 7-4 所示，先将棉被用厚塑料膜密封防水，然后绑扎在弦管外壁，减少胶凝材料水化热的散失，维持弦管表面温度。

图 7-4 弦杆包裹棉被

7.4.2 低温浇筑对钢管混凝土构件承载力影响

冒浆管内混凝土与主梁弦杆内混凝土一致，且养护条件相同，因而其力学性能与主梁弦管核心混凝土一致。因此，对弦管冒浆管形成的钢管混凝土短柱进行轴压承载力测试，并与标准养护下同类型试件的承载力进行对比，分析二者力学性能差异，检验低温施工钢管混凝土抗冻效果，确保工程结构安全性。

（a）冒浆管切割

（b）标养试件

（c）全部试件

图 7-5　冒浆管钢管混凝土短柱试件

冒浆管 $d\times t$ 为 113 mm×2.27 mm，Q235 钢材，试件制作过程如图 7-5。自然温度回升至 25℃左右时，先将冒浆管从主梁弦管上切割，如图 7-5（a），再将其切割成长 30 cm 的钢管混凝土短柱试件。图 7-5（b）是标准养护试件，其钢管为冒浆管同类型钢管，核心混凝土与主梁弦管混凝土一致，以与弦管施工形成的冒浆管短柱构件承载进行对比。所有试件如图 7-5（c）所示，共 3 个标养试件与 34 个现场冒浆管短柱试件。

试验测试在 2 000 kN 液压伺服万能试验机上进行，试件破坏模式基本一致，图 7-6 是典型破坏形态。结果表明，标养试件承载力均值为 1 030 kN，冒浆管试件承载力均值为 1 015 kN，两类试件轴压承载力仅相差 1.5%。由此可知，主梁弦管混凝土低温灌注施工未发生冻害，钢管混凝土结构力学稳定，质量可靠。

图 7-6　典型破坏形态

7.5　钢管混凝土密实度

7.5.1　检测方法

钢管混凝土密实度检测采用敲击法与超声波法相结合，先采用铁锤敲击，根据回音初步判断钢管混凝土内是否填充密实，对敲击回音异常的部位以及结构关键受力部位采用超声波法进行重点检测。考虑到弦管最可能在顶面出现脱空或脱粘，探头主要布置在弦杆上下顶面，如图 7-7 所示。

图 7-7　主梁弦管现场检测

7.5.2　判别标准与检测结果

为准确评判实际工程混凝土灌注密实状态，采用与弦管同类型钢管制作钢管混凝土模型试件，各试件设置不同的缺陷与密实灌注试件对比。通过对不同类型试件声速、波形以及锤击声音进行分析，得到混凝土密实度评价指标和方法，如表 7-5 所示。在实际检测中，利用预先测得的带有各种缺陷的波形、波速以及锤击声音，采用对比法检测实桥钢管混凝土的灌注密实情况。

表 7-5　超声检测钢管混凝土密实性综合判定标准

编号	波速判定 /（m/s）	波形判定	锤击声音判定	综合判定	与设计要求比较
Ⅰ	≥3 600	清晰正常	沉闷	混凝土密实性好，与管壁粘结性好	优
Ⅱ	3 300～3 600	清晰正常	沉闷	混凝土密实性好，与管壁粘结性较好	良好
Ⅲ	≥3 300	不清晰或有细波	轻微回声	混凝土密实性好，与管壁粘结稍差	合格
Ⅳ	<3 300	不清晰或有细波	轻微回声	混凝土密实性与管壁粘结较差	不合格

通过对全桥主梁弦杆钢管混凝土的检测表明：弦管钢管混凝土密实性检测合格率为 100%，其中优秀占总测点的 42.8%，良好占 24.6%，合格占 32.56%。

参考文献

[1] 胡曙光，丁庆军．钢管混凝土[M]．北京：人民交通出版社，2007.

[2] 龚洛书. 轻集料混凝土技术的发展与展望[J]. 混凝土，2002(2): 13-15.

[3] 吴中伟，廉惠珍．高性能混凝土[M]．北京：中国铁道出版社，1999.

[4] 陈肇元，朱金铨，吴佩刚．高强混凝土及其应用[M]．北京：清华大学出版社，1996.

[5] 蔡绍怀．现代钢管混凝土结构[M]．北京：人民交通出版社，2007.

[6] 钟善桐．钢管混凝土结构[M]．哈尔滨：黑龙江科技出版社，1994.

[7] 钟善桐．高层钢管混凝土结构[M]．哈尔滨：黑龙江科学技术出版社，1999.

[8] 韩林海. 钢管混凝土结构——理论与实践[M]. 北京：科学出版社，2007.

[9] 查晓雄．空心和实心钢管混凝土结构[M]．北京：科技出版社，2011.

[10] 韩林海，杨有福．现代钢管混凝土结构技术[M]．北京：中国建筑工业出版社，2004.

[11] 陈宝春．钢管混凝土拱桥设计与施工[M]．北京：人民交通出版社，1999.

[12] 陈宝春．钢管混凝土拱桥[M]．北京：人民交通出版社，2007.

[13] SCHNEIDER S P. Axially Loaded Concrete-Filled Steel Tubes[J]. Journal of Structural Engineering, ASCE, 1998, 124 (10): 1125-1138.

[14] JOHNSON R P. Some research on composite structures in the U. K. 1960-1985[C]. Proc. of an Engineering Foundation Confer. on Steel-Concrete Composite Structures, ASCE. Irsee, 1996. 15-25.

[15] ROIK E H K. Review of the development of composite structures in Germany[C]. Proc. of an Engineering Foundation Confer. on Steel-Concrete Composite Structures, ASCE. Irsee, 1996. 55-74.

[16] WAKABAYASHI M. Recent development and research in composite and mixed building structures in Japan[C]. Proc. of the 4th ASCCS Inter. Confer. Kosice, Slovakia, 1994: 237-242.

[17] 张联燕，李泽生，程懋芳．钢管混凝土空间桁架组合梁式结构[M]．北京：人民交通出版社，1999.

[18] 吴国政，等．钢管混凝土空间桁架组合梁式结构在桥梁工程中的应用[J]．黑龙江交通科技，2000（3）：42-43.

[19] NAKAMLIRA S, MOMIYAMA Y, HOSAKA T, et al. New Technologies of Steel Concrete Composite Bridges[J]. Journal of Constructional Steel Research, 2002, 58 (1): 99-130.

[20] 张贵忠．万州大桥钢管混凝土桁架技术研究[D]．成都：西南交通大学，2004.

[21] 臧华，涂永明．钢管混凝土在桥梁工程中的应用与前景[J]．中国市政工程，2010（4）：34-36.

[22] 姜如．钢管及钢管混凝土组合桁架梁桥静动力行为分析[D]．成都：西南交通大学，2006.

[23] 陈勇．新型钢管混凝土连续刚构桥的结构形式研究[D]．重庆：重庆交通大学，2009.

[24] 叶跃忠．混凝土脱粘对钢管混凝土中、低柱性能的影响[J]．铁道建筑，2001（10）：2-5.

[25] 涂光亚，颜东煌，邵旭东．脱黏对桁架式钢管混凝土拱桥受力性能的影响[J]．中国公路学报，2007，20（6）：61-66.

[26] 薛君轩，吴中伟．膨胀和自应力水泥及其应用[M]．北京：中国建筑工业出版社，1985.

[27] 王湛，钟善桐．自应力钢管混凝土显微结构分析及宏观性能[J]．哈尔滨建筑工程学院学报，1991，24（SI）：69-73.

[28] 王湛，赵霄龙，巴恒静．约束膨胀混凝土显微结构分析[J]．哈尔滨建筑大学学报，1999，32（2）：54-57.

[29] 王湛．钢管膨胀混凝土工作机理及性能的研究[D]．哈尔滨：哈尔滨建筑工程学院，1993.

[30] 李悦，丁庆军等. 钢管膨胀混凝土力学性能及其膨胀模式的研究[J]. 武汉工业大学学报，2000，22（6）：25-28.
[31] 李悦，胡曙光，等. 钢管膨胀混凝土的研究及其应用[J]. 山东建材学院学报，2000，14（3）：189-192.
[32] 宋兵. 核心混凝土的收缩及其对钢管高强混凝土轴压构件力学性能的影响[D]. 汕头：汕头大学，2001.
[33] 宋兵，王湛. 高强混凝土自收缩对钢管混凝土轴压力学性能的影响[J]. 建筑科学与工程学报，2007，24（2）：59-62.
[34] 吕林女，等. 高强微膨胀钢管混凝土的界面过渡区结构[J]. 华中科技大学学报，2003，31（11）：89-91.
[35] 冯斌. 钢管混凝土中核心混凝土的温度、收缩与徐变模型研究[D]. 福州：福州大学，2004.
[36] 韩林海，杨有福，李水进，等. 钢管高性能混凝土的水化热和收缩性能研究[J]. 土木程学报，2006，39（3）：1-9.
[37] 罗冰，沈成武，郑舟军. 钢管混凝土膨胀率试验与测定分析[J]. 交通科技，2005（6）：86-88.
[38] 陈梦成，袁方，许开成. 钢管微膨胀混凝土的水化热与限制膨胀性能分析[J]. 铁道建筑，2010（8）：133-136.
[39] CAMPIONE G, MENDOLA LA L, SANPAOLESI L, etc. Behavior of fiber reinforced concrete-filled tubular columns in compression[J]. Materials and Structures, 2002 (35): 332-337.
[40] RAMANA GOPAL S，DEVADAS MANOHARAN P. Experimental behaviour of eccentrically loaded slender circular hollow steel columns in-filled with fibre reinforced concrete[J]. Journal of Constructional Steel Research, 2006, 62 (5): 513-520.
[41] RAMANA GOPAL S, DEVADAS MANOHARAN P. Tests on fibre reinforced concrete filled steel tubular columns. Steel and Composite Structures, 2004 (4): 37-48.
[42] SERKAN TOKGOZ, CENGIZ DUNDAR. Experimental study on steel tubular columns in-filled with plain and steel fibre reinforced concrete [J].

Thin-Walled Structures, 48 (2010): 414-422.

[43] ZHONG TAO, LIN-HAI HAN, DONG-YE WANG. Strength and ductility of stiffened thin-walled hollow steel structural stub columns filled with concrete[J]. Thin-Walled Structures 46 (2008): 1113-1128.

[44] ZHONG TAO, LIN-HAI HAN, DONG-YE WANG. Experimental behaviour of concrete-filled stiffened thin-walled steel tubular columns[J]. Thin-Walled Structures 45 (2007): 517-527.

[45] ZHONG TAO， BRIAN UY, LIN-HAI HAN, et al. Analysis and design of concrete-filled stiffened thin-walled steel tubular columns under axial compression[J]. Thin-Walled Structures 47 (2009): 1544-1556.

[46] 陈娟. 钢管钢纤维混凝土结构的性能研究[J]. 四川建筑科学研究，2011，37（2）：67-69.

[47] 陈娟. 钢管钢纤维高强混凝土柱的基本力学性能研究[D]. 武汉：武汉大学，2008.

[48] MORISHITA Y, TOMII M, YOSHIMURA K. Experimental studies on bond strength in concrete filled circular steel tubular columns subjected to axial loads. Transactions of Japan Concrete Institute, 1979a: 351-358.

[49] MORISHITA Y, TOMII M, YOSHIMURA K. Experimental studies on bond strength in concrete filled square and octagonal steel tubular columns subjected to axial loads. Transactions of Japan Concrete Institute, 1979b: 359-336.

[50] MORISHITA Y, TOMII M. Experimental studies on bond strength between square steel tube and encased concrete core under cyclic shearing force and constant axial force[J]. Transactions of Japan Concrete Institute， 1982, Vol (4): 363-370.

[51] TOMII M, MORISHITA Y, YOSHIMURA K. A method of improving bond strength between steel tube and concrete core cast in circular steel tubular columns. Transactions of Japan Concrete Institute, 1980a (2): 319-326.

[52] TOMII M, MORISHITA Y, YOSHIMURA K. A method of improving

bond strength between steel tube and concrete core cast in square and octagonal steel tubular columns. Transactions of Japan Concrete Institute, 1980b (2): 327-334.

[53] VIRDI K S, DOWLING P J. Bond strength in concrete filled steel tubes. IABSE Proceedings P-33/80, 1980: 125-139.

[54] 薛立红，蔡绍怀. 钢管混凝土柱组合界面的粘结强度（上）[J]. 建筑科学，1996（3）：22-28.

[55] 薛立红，蔡绍怀. 钢管混凝土柱组合界面的粘结强度（下）[J]. 建筑科学，1996（4）：19-23.

[56] ROEDER C W, CAMERON B, BROWN C B. Composite action in concrete filled tubes [J]. Journal of Structual Engneering, 1999, 125 (5): 477-484.

[57] 康希良. 钢管混凝土柱组合力学性能及粘结滑移性能研究[D]. 西安：西安建筑科技大学，2008.

[58] 刘永健，池建军. 钢管混凝土界面抗剪粘结强度的推出试验[J]. 工业建筑，2006，36（4）：78-80.

[59] 刘永健，刘君平，池建军. 钢管混凝土界面抗剪粘结滑移力学性能试验[J]. 广西大学学报，自然科学版，2010，35（1）：17-23.

[60] CHANG X, HUAUG C K, JIAUG D C, et al. Push-out test of prestressing concrete filled circular steel tube columns by means of expansive cement[J]. Construction and Building Materia1, 2009, 23: 491-497.

[61] 陈学嘉，袁方. 钢管微膨胀混凝土界面粘结性能的试验研究[J]. 四川建筑科学研究，2011，37（4）：9-12.

[62] 谭克锋，蒲心诚. 钢管超高强混凝土力学性能的研究[J]. 东南大学学报，1999，29（7）：127-131.

[63] 韩林海，钟善桐. 钢管混凝土压弯扭构件工作机理研究[J]. 建筑结构学报，1995，16（4）：32-39.

[64] NEOGI P K, SAN H K, CHAPMAN J C. Concrete Filled Tubular Steel Columns under Eccentrically Loading. The Structural Engineer. 1969, 47 (5): 187-195.

[65] ZHANG YC, XU C, LU X Z. Experimental study of hysteretic behavior for concrete-filled square thin-walled steel tubular columns[J]. Journal of Constructional Steel Research 2007, 63 (3): 317-25.

[66] 查晓雄，仓友清，等. 钢管-FRP-海砂混凝土柱轴心受压性能研究[J]. 建筑结构，2010，40（SI）：351-354.

[67] 蔡绍怀，焦占拴. 钢管混凝土短柱的基本性能和强度计算[J]. 建筑结构学报，1984（06）：13-29.

[68] 蔡绍怀，顾万黎. 钢管混凝土长柱的性能和强度计算[J]. 建筑结构学报，1985（01）：32-40.

[69] 韩林海，游经团，等. 往复荷载作用下矩形钢管混凝土构件力学性能的研究[J]. 土木工程学报，2004，37（11）：11-22.

[70] 尧国皇，韩林海. 钢管混凝土轴压与纯弯荷载-变形关系曲线实用计算方法研究[J]. 中国公路学报，2004，17（4）：50-54.

[71] MORISHITA Y, TOMII M. Experimental studies on bond strength betwveen square steel tube and encased concrete core under cyclic shearing force and constant axial force[J]. Transactions of Japan Concrete Institute, 1982, Vol (4): 363-370.

[72] NAKANISHI K, KITADA T, NAKAI H. Experimental study on ultimate strength and ductiliy of concrete filled steel columns under strong earthquakes. Journal of Constructional Steel Research. 1999.51 (3): 297-319.

[73] 潘友光. 圆钢管混凝土轴心力作用下本构关系的研究及应用[D]. 哈尔滨：哈尔滨建筑工程学院，1989.

[74] 潘友光，钟善桐. 钢管混凝土轴心受拉本构关系[J]. 哈尔滨建筑工程学院.

[75] 张素梅. 钢管混凝土构件在轴心拉力作用下的性能[C]. 哈尔滨建筑工程学院学报，1991，24（增刊）：27-32.

[76] LIN-HAI HAN, SHAN-HU HE, FEI-YU LIAO. Performance and calculations of concrete filled steel tubes under axial tension[J]. Journal of Constructional Steel Research 67 (2011): 1699-1709.

[77] 何珊瑚，牟廷敏．钢管混凝土轴拉承载力计算方法探讨[J]．哈尔滨工业大学学报，2011，43（Sup2）：12-14.

[78] LU Y Q, KENNEDY D J L. The flexural behaviour of concrete-filled hollow structural sections[J]. Canadian Journal of Civil Engineering. 1994.421 (1): 111-130.

[79] ELCHALAKANI M，ZHAO X L, GRZEBIETA R. Concrete-filled circular steel tubes subjected to pure bending[J]. Journal of Constructional Steel Research, 2001. 57 (11): 1141-1168.

[80] SHUN-ICHI NAKAMURA P E, TETSUYA HOSAKA. Bending Behavior of Steel Pipe Girders Filled with Ultralight Mortar[J]. Journal of Bridge Engineering, Vol. 9, No. 3, May/June 2004: P297-303.

[81] JAE-YOON KANG, EUN-SUK CHOI, WON-JONG CHIN, et al. Flexural Behavior of Concrete-Filled Steel Tube Members and Its Application[J]. Steel Structures 7 (2007): 319-324.

[82] DENG Y, TUAN C Y, ZHOU Q, et al. Flexural strength analysis of non-post-tensioned and post-tensioned concrete-filled circular steel tubes[J]. Journal of Constructional Steel Research, 67 (2011): 192-202.

[83] 黄莎莎，等. 离心钢管混凝土受弯性能的试验研究[J]. 电力建设，1990，11（7）：4-6.

[84] 钱稼茹，王刚，等. 钢管高强混凝土构件截面弯矩-曲率全曲线研究[J]. 工业建筑 2001，38（4）：70-72.

[85] 吴颖星，于清．钢管约束高性能混凝土纯弯力学性能实验研究[J]．哈尔滨工业大学学报，2005，37（增刊）：276-279.

[86] 丁发兴，等．圆钢管自密实混凝土纯弯力学性能[J]．交通运输工程学报，2006，6（1）：63-68.

[87] DING FAXING, LUO YATING, et al. Pure bending behavior of lightweight aggregate concrete filled circular steel tubes[J]. Advanced Materials Research, 2012, Vol (374-377): 2239-2244.

[88] 丁发兴，张鹏，等．圆钢管混凝土截面轴力-弯矩-曲率关系实用计算方法[J]．哈尔滨工业大学学报，2009，41（12）：133-137.

[89] 黄宏，等．圆钢管混凝土抗弯承载力的计算[J]．华东交通大学学报，2008，25（1）：1-3.

[90] 卢辉，韩林海．圆钢管混凝土抗弯刚度计算方法探讨[J]．工业建筑，2004，34（1）：1-5.

[91] 卢辉. 世界各国规程钢管混凝土构件抗弯承载力及抗弯刚度的对比[J]. 福建建筑，2005，92（2）：127-130.

[92] PACKER J A, HENDERSON J E, CAO J J. 空心管结构连接设计指南[M]. 曹俊杰，译. 北京：科学出版社，1997.

[93] PACKER J A. Concrete-filled HSS connections [J]. Journal of Structural Engineering, 1995, 12 (3): 458- 467.

[94] 刘永健，刘君平，等．主管内填混凝土矩形和圆形钢管桁架受弯性能对比试验研究[J]．建筑结构学报，2010，31（4）：86-92.

[95] 刘永健，周绪红，等．矩形钢管混凝土横向局部承压强度的试验研究[J]．建筑结构学报，2003，24（2）：42-48.

[96] 刘永健，周绪红，肖龙．矩形钢管混凝土桁架受压节点承载力[J]．建筑结构，2004，34（1）：24-26.

[97] 刘水健，刘君平，等．主管内填充混凝土矩形钢管桁架受力性能试验研究[J]．建筑结构学报，2009，30（6）：107-112.

[98] 刘君平．主管内填混凝土矩形钢管桁架受力机理及设计方法研究[D]. 西安：长安大学，2009.

[99] 齐红育，董骊宁，高迎利．矩形钢管混凝土桁架与圆形钢管混凝土桁架受力性能对比分析[J]．混凝土，2008，226（6）：24-28.

[100] 黄文金，陈宝春．钢管混凝土桁梁受弯试验研究[J]．建筑科学与工程学报，2006，23（1）：29-33.

[101] 陈宝春，黄文金．圆管截面桁梁极限承载力试验研究[J]．建筑结构学报，2007，28（3）：31-36.

[102] 黄文金，陈宝春. 腹杆形式对钢管混凝土桁梁受力性能影响的研究[J]. 建筑结构学报，2009，30（1）：55-61.

[103] 柳旭东. 空腹灌浆圆钢管桁架-混凝土组合梁受力性能研究及应用[D]. 哈尔滨：哈尔滨工业大学，2007.

[104] 郑文忠，柳旭东，张博一，等．灌浆圆钢管压陷极限承载力试验研究[J]．建筑结构学报，2008，29（2）：85-91.
[105] 郑文忠，柳旭东，张博一．灌浆圆钢管桁架混凝土组合梁试验研究[J]．建筑结构学报，2009，30（1）：15-22.
[106] 游宝坤，吴万春，等．U 型混凝土膨胀剂[J]．硅酸盐学报，1990，18（2）：110-115.
[107] 范玲玲．钢纤维混凝土韧性试验研究[D]．石家庄：河北大学，2002.
[108] 王晓伟．异形钢纤维与混凝土粘结机理及其增韧效应研究[D]．天津：河北工业大学，2003.
[109] 田稳苓．钢纤维膨胀混凝土增强机理及其应用研究[D]．大连：大连理工大学，1998.
[110] 张松波，尚福林，周晨光．浅议负温混凝土的冻结强度与结构强度[J]．低温建筑技术，2001（1）：36.
[111] 朱建立．混凝土防冻剂的原理及应用[J]．石家庄铁道学院学报，2008，15（SI）：44-46.
[112] 杨英姿，巴恒静．负温防冻剂混凝土的界面显微结构与性能[J]．硅酸盐学报，2007，25（8）：1125-1130.
[113] ZHIGNIEW RUSIN. A mechanison of expansion of concrete aggregate due to frost action [J]. Cem Concr Res, 1991, 21: 614-624.
[114] KAMAL HENRI KHAYET. Frost durability of concrete containing viscosity-modifying admixture [J]. ACI Mater J, 1995, 92: 625-33.
[115] 谢晓鹏，杨广军，管巧艳，等．钢纤维对混凝土抗冻性能影响的试验研究[J]．混凝土，2008（8）：73-75.
[116] 程云虹，王宏伟，等．纤维增强混凝土抗冻性试验研究[J]．公路，2012（3）：179-181.
[117] JUHAN AAVSIK. SATISH CHANDRA. Influence of organic admixture and testing method on freeze-thaw resistance of concrete [J]. ACI Mater J, 1995, 92: 10-14.
[118] OSAMU KATSURA, EIJI KAMADA. Strength Development of high Strength Concrete Under Low Temperature JCI-C32[M] .1993.

[119] 杨英姿，高小建，邓宏卫，等. 自然变负温养护和恒负温养护对混凝土强度的影响[J]. 低温建筑技术，2009（4）：1-4.

[120] 沙克，李家和. 掺防冻剂和膨胀剂的混凝土性能及微观结构研究[J]. 混凝土世界，2011（20）：78-81.

[121] 王栋民，左彦峰，龙俊余，等. 膨胀混凝土在负温条件下膨胀与强度性能及其作用机理[J]. 膨胀剂与膨胀混凝土，2008（1）：12-14.

[122] 文婧，李家和，朱卫中. 负温条件下防冻组分对 HCSA 膨胀剂性能影响[J]. 低温建筑技术，2008（3）：8-10.

[123] 文婧，李家和，朱卫中. 低温下早强组分和防冻组分对 HCSA 膨胀剂性能影响研究[J]. 膨胀剂与膨胀混凝土，2008（2）：40-43.

[124] GB 50119—2003 混凝土外加剂应用技术规范. 北京：中国建筑工业出版社，2003.

[125] 孙伟，张召舟，高建明. 钢纤维微膨胀混凝土特性的研究[J]. 混凝土与水泥制品，1994（5）：14-17.

[126] 田稳苓，李世春，等. 钢纤维膨胀混凝土力学性能试验研究[J]. 建筑材料学报，2000，3（3）：223-228.

[127] 钟善桐. 钢管混凝土中钢管与混凝土的共同工作[J]. 哈尔滨建筑大学学报，2001，34（1）：6-10.

[128] 杨桂通. 弹塑性力学[M]. 北京：高等教育出版社，1980.

[129] HIBBITT, KARLSON, SORENSON. ABAQUS Version 6.4: Theory Manual, Users' Manual, Verification Manual and Example problems Manual. Hibbitt, Karlson and Sorenson Inc., 2003.

[130] HIBBITT，KARLSSON，SORENSEN，INC. ABAQUS/Standard 有限元软件入门指南[M]. 庄茁，等，译. 北京：清华大学出版社，1998.

[131] 沈聚敏，王传志，江见鲸. 钢筋混凝土有限元与板壳极限分析[M]. 北京：清华大学出版社，1993.

[132] AISC (ANSI) 360-10. Specification for Structural Steel Buildings[S]. American Institute of Steel Construction (AISC), Chicago, U.S.A, 2010.

[133] British Standards Institutions. BS5400, Part 5, Steel-concrete and composite bridges. London, U. K. 2005.

[134] Eurocode 4. Design of composite steel and concrete structures， Part l-1: General rules and rules for buildings (together with United Kingdom National Application Document). DD ENV 1994-1-1: 2004, British Standards Institution, London W1A2BS.2004.

[135] DL/T5085—1999 钢-混凝土组合结构设计规程. 北京：中国电力出版社，1999.

[136] 福建省工程建设地方标准. DBJ/T13-51—2003 钢管混凝土结构技术规程. 福建省建设厅，2003.